高等学校机械设计制造及自动化专业系列教材

互换性与技术测量

（第二版）

U0169857

主　编　茅　健

副主编　周玉凤　徐旭松

西安电子科技大学出版社

内 容 简 介

　　本书按照教学规律阐述了机械零部件的互换性和检测技术的基础知识，介绍了几种典型零件公差与配合的基本原理和方法以及国家标准在设计中的应用。全书共分 10 章，第 1 章阐述了互换性的基本概念，第 2～4 章阐述了极限与配合、几何公差、表面结构等机械零件公差与配合的基础知识，第 5～8 章阐述了滚动轴承、键与花键、圆柱齿轮和螺纹等典型零件的精度设计基础知识，第 9～10 章阐述了几何量测量的基础知识及光滑极限量规的精度设计。本书各章附有相关的复习与思考，以配合教学的需要，也便于读者自学。

　　本书内容新颖，实用性强，适用于高等工科院校机械类和近机械类等专业的课程教学，也可供从事机械设计、制造、标准化和计量测试等工作的各类工程技术人员参考使用。

图书在版编目(CIP)数据

互换性与技术测量/茅健主编. －2 版. －西安：西安电子科技大学出版社，2021.10
ISBN 978 - 7 - 5606 - 6193 - 3

Ⅰ. ①互… Ⅱ. ①茅… Ⅲ. ①零部件－互换性－高等学校－教材 ②零部件－测量技术－高等学校－教材 Ⅳ. ①TG801

中国版本图书馆 CIP 数据核字(2021)第 188634 号

策划编辑　马乐惠
责任编辑　张　玮
出版发行　西安电子科技大学出版社(西安市太白南路 2 号)
电　　话　(029)88202421　88201467　　邮　编　710071
网　　址　www.xduph.com　　　　　电子邮箱　xdupfxb001@163.com
经　　销　新华书店
印刷单位　陕西天意印务有限责任公司
版　　次　2021 年 10 月第 2 版　2021 年 10 月第 1 次印刷
开　　本　787 毫米×1092 毫米　1/16　印　张　13.5
字　　数　316 千字
印　　数　1～3000 册
定　　价　31.00 元
ISBN 978 - 7 - 5606 - 6193 - 3/TG
XDUP 6495002 - 1

前　言

　　"互换性与技术测量"是机械类专业本科学生的主干专业必修课,起着联系机械设计类与制造工艺类课程的纽带作用。本课程的主要内容为产品机械精度设计原则与方法及测量技术,涉及产品的设计、制造、检测等方面,具有学科交叉性强、实践性强、综合应用性强的特点。

　　本书共分为 10 章,主要围绕公差配合(第 1～8 章)与技术测量(第 9～10 章)两个方面展开,采用最新颁布的国家标准,结合了编者多年的实践经验和教学心得,并参考了许多同类教材编写而成。本书适用面广,教师可根据具体情况进行教学内容的取舍。

　　本书公差配合部分的描述依据教学大纲的基本要求,侧重于阐述和解释国家工业基础标准以及标准的应用,力求语言简练,条理清楚,同时较详细地阐述了各种测量方法和测量器具,并给出了大量的应用实例,尽可能做到理论与实际相结合。全书各章后均设置了复习与思考,配合教学需要,有助于学生掌握机械工程中的精度设计问题,也便于读者自学。

　　本书由茅健担任主编,周玉凤和徐旭松担任副主编。茅健编写第 1～2 章、第 9～10章,周玉凤编写第 3～6 章,徐旭松编写第 7～8 章。

　　由于编者水平和时间有限,书中难免存在不当之处,敬请广大读者批评指正。

编　者
2021 年 5 月

目　　录

第1章　绪　　论

1.1　互 换 性 概 述

1.1.1　互换性的概念

在工业及日常生活中经常会遇到这样的现象，如机器上丢了一个螺丝，按相同的规格购买一个，装上即可；灯泡坏了，可以更换一个新的；自行车、手表上的零部件磨损了，换一个相同规格的新的零部件，即能满足使用要求。这些现象说明零部件具有互换性。

零部件的互换性（interchangeability）是指同一规格的零部件按照规定的技术要求（几何、物理及其他质量参数）制造，能够彼此相互替换使用而效果相同的性能。互换性体现了产品生产的三个过程：零部件在制造时采用同一尺寸规格要求，装配时不需要选择或附加修配，装配成机器后能保证预定的使用性能。具有这样性质的零部件称为具有互换性的零部件。

1.1.2　互换性的分类及其在机械制造中的作用

1. 互换性的分类

（1）按互换参数的范围，互换性可分为几何参数互换性与功能互换性。

几何参数互换性主要是保证零部件的几何参数达到结合的要求，其中几何参数主要指尺寸大小、几何形状（包括宏观与微观的几何形状）以及相互的位置关系等。功能互换性应保证使用要求，除了对零部件的几何参数要求外，还对零部件的机械、物理、化学等性能方面的参数提出了要求，如硬度、强度等。几何参数互换性被称为狭义互换性，而功能互换性被称为广义互换性，本书只讨论几何参数互换性。

（2）按互换程度，互换性可分为完全互换性与不完全互换性。

完全互换性不限定互换范围，指零部件装配或更换时，无须挑选、辅助加工或修配就能顺利安装在机器上并能满足使用要求。例如，常见的螺栓、螺母、滚动轴承等标准件都具有完全互换性。在大批量生产方式中，往往采用完全互换。

不完全互换性又称为有限互换。在装配精度要求很高时，若采用完全互换将要求零件的制造公差很小，导致加工困难，制造成本高，甚至无法加工，因此必须采用不完全互换进行生产。为此，生产中首先把有关零件的精度适当降低，以便于制造；然后根据实测尺寸的大小，将制成的相配零件分成若干组，使每组内的尺寸差别比较小；最后，把相应的零件进行装配，以保证使用要求。此法也称为分组互换法。

装配时用机械加工或钳工修刮等来获得所需精度的方法，称为修配法。用移动或更换某些零件以改变其位置和尺寸来达到所需精度的方法，称为调整法。

（3）对于标准部件或机构来讲，互换性又可分为内互换与外互换。

内互换是指部件或机构内部组成零件间的互换性，如滚动轴承内、外圈滚道直径与滚珠直径的装配。

外互换是指部件或机构与外部配件之间的互换性，如滚动轴承中的内圈与轴的配合，外圈与壳体孔之间的配合。

为了使用方便，滚动轴承的外互换为完全互换；其内互换因组成零件的精度要求高，加工困难，故采用分组装配，为不完全互换。

一般而言，不完全互换只限于部件或机构制造厂内部的装配。至于厂外协作，即使产量不大，往往也要求完全互换。采用完全互换、不完全互换或者修配，要由产品精度要求与复杂程度、产量大小、生产设备和技术水平等一系列因素决定。

2. 互换性在机械制造中的作用

（1）在设计方面，最大限度采用具有互换性的标准化零部件，可大大简化绘图和计算工作，缩短设计周期，同时便于实现计算机辅助设计。

（2）在制造和装配方面，零件具有互换性，可以分散加工，集中装配（这有利于厂际合作，也有利于组织专业化生产），采用先进工艺和高效率的专用设备，以提高生产效率。

（3）在使用与维修方面，可以减少机器的维修时间和费用，保证机器能连续持久地运转，提高机器的使用寿命。

总之，互换性在提高产品质量和可靠性以及经济效益等方面均具有重大意义。遵循互换性原则进行设计、制造和使用，可大大降低产品成本，提高生产率，降低劳动强度，同时也为标准化、系列化、通用化奠定了基础。所以，互换性原则是机械工业中的重要原则，是我们设计、制造中必须遵循的原则。

1.1.3　实现互换性的条件

要保证零件具有互换性，就必须保证零件几何参数的准确性。是否需要使同一规格的零件的几何参数完全一致呢？事实上这不但不可能，而且也没必要。由于加工过程中各种原因的影响，制得的零件的几何参数总是不可避免地会偏离设计的理想要求，产生误差，使加工后零件的几何参数与理想值不完全一致，其差别称为加工误差，也称为几何参数误差。

零件具有几何参数误差后能否保证互换性呢？虽然零件的几何参数误差可能影响零件的使用性能，但只要零件的几何参数在规定的范围内变动，保证零件充分近似，就能满足互换的目的。要使零件具有互换性，就应按公差制造。公差是指由设计人员给定的允许的零件的最大误差，即允许的零件几何参数的变动范围。

因此，要使零件具有互换性，就应把零件的误差控制在规定的公差范围内。也就是说，互换性要用公差来保证。设计者的任务就是正确地确定公差，并把它在图样上明确地表示出来。显然，在满足功能要求的条件下，公差应尽量规定得大一些，以获得最佳的技术经济效益。

1.2　标准与标准化

现代化工业生产的特点是规模大，协作单位多，互换性要求高。为了正确协调各生产部门和准确衔接各生产环节，必须有一种协调手段，使分散的、局部的生产部门和生产环节保持必要的技术统一，成为一个有机的整体，以实现互换性生产。标准与标准化正是联系这种关系的主要途径和手段，是实现互换性的基础。

标准(standard)是对重复性事物和概念所做的统一规定。它以科学、技术和实践经验的综合成果为基础，经有关方面协商一致，由主管机构批准，以特定形式发布，作为共同遵守的准则和依据。标准在一定范围内具有约束力。

标准制定的对象是重复性事物和概念，这里讲的"重复性"指的是同一事物或概念反复多次出现的性质。例如，批量生产的产品在生产过程中的重复投入、重复加工、重复检验等，同一类技术管理活动中反复出现的同一概念的术语、符号、代号等，均属于标准制定的对象。

标准化(standardization)指在经济、技术、科学及管理等社会实践中，对重复性事物和概念制定、发布、实施统一规定的全部活动过程。标准化是以标准形式体现的一个不断循环、不断提高的过程。标准化是组织现代化生产的重要手段之一，是实现专业化生产的必要前提，是科学管理的重要组成部分。

1.2.1　标准的级别

依据《中华人民共和国标准化法》的规定，我国的标准级别分为国家标准、行业标准、地方标准和企业标准四级，下一级标准不得与上一级标准的有关内容相抵触。国家标准、行业标准均可分为强制性和推荐性两种属性的标准，推荐性标准又叫非强制性标准。

保障人体健康、人身财产安全的标准和法律，行政法规规定强制执行的标准属于强制性标准；其他标准是推荐性标准。省、自治区、直辖市标准化行政主管部门制定的工业产品安全、卫生要求等地方标准，在本地区域内是强制性标准。

推荐性国家标准的代号为 GB/T，强制性国家标准的代号为 GB。行业标准中的推荐性标准是在行业标准代号后加 T，如 JB/T 即机械行业推荐性标准，不加 T 即为强制性行业标准。

1. 国家标准

对需要在全国范围内统一的技术要求，应当制定国家标准。国家标准由国务院标准化行政主管部门编制计划和组织草拟，并统一审批、编号、发布。国家标准的代号为 GB。

2. 行业标准

对没有国家标准但又需要在全国某个行业范围内统一的技术要求，可以制定行业标准，作为对国家标准的补充。当相应的国家标准实施后，该行业标准应自行废止。行业标准的代号有多种，如 JB 为原机械工业部标准，YB 为原冶金工业部标准，HB 为原航天工业部标准。

3. 地方标准

对没有国家标准和行业标准而又需要在省、自治区、直辖市范围内统一的要求，可以制定地方标准，如：① 工业产品的安全、卫生要求；② 药品、兽药、食品卫生、环境保护、节约能源、种子等法律、法规规定的要求；③ 其他法律、法规规定的要求。

4. 企业标准

企业标准是对企业范围内需要协调、统一的技术要求、管理要求和工作要求所制定的标准。企业标准的代号为 QB。

此外，为适应某些领域标准快速发展和快速变化的需要，于 1998 年规定的四级标准之外，增加了一种国家标准化指导性技术文件，作为对国家标准的补充，其代号为 GB/Z。

从世界范围看，更高级别的标准还有国际标准和区域标准，国际标准是由国际标准化组织（ISO）或国际电工委员会（IEC）制定的标准；区域标准（或国家集团标准）是由某个国家或某个国家集团制定的标准，如分别由欧共体（EN）、非洲地区（ARS）和阿拉伯标准化与计量组织（ASMO）制定的标准等。

1.2.2 标准的种类

通常按标准的专业性质，将标准划分为技术标准、管理标准和工作标准三大类。

1. 技术标准

对标准化领域中需要统一的技术事项所制定的标准称为技术标准。技术标准是一个大类，可进一步分为基础标准、产品标准、工艺标准、检验和试验方法标准、设备标准、原材料标准、安全标准、环境保护标准、卫生标准等。其中的每一类还可进一步细分，如基础标准还可再分为术语标准、图形符号标准、数系标准、公差标准、环境条件标准、技术通则性标准等。

本书主要涉及的是基础标准，它是指在一定范围内作为其他标准的基础并普遍使用，具有广泛指导意义的标准。在下面的章节中将介绍《公差与配合》《形状和位置公差》《表面粗糙度》等国家标准。

2. 管理标准

对标准化领域中需要协调统一的管理事项所制定的标准叫管理标准。管理标准主要是对管理目标、管理项目、管理业务、管理程序、管理方法和管理组织所作的规定。

3. 工作标准

为实现工作（活动）过程的协调，提高工作质量和工作效率，对每个职能和岗位的工作制定的标准叫工作标准。

1.3 优先数和优先数系

公差标准以及零件的结构参数都需要通过数值表示。产品的参数值不仅与自身的技术特性有关，还直接或间接地影响与其配套的系列产品的参数值。例如，螺母直径的数值影响并决定螺钉的直径数值以及丝锥、螺纹塞规、钻头等系列产品的直径数值。由参数值间的关联产生的扩散称为数值扩散。

为满足不同的需求，产品必然出现不同的规格。但产品规格的杂乱无章会给组织生产、协作配套、使用维修带来困难，故需对相关数值进行标准化。优先数(preferred numbers)就是对各种技术参数进行简化、协调和统一的一种科学的数值制度，是一种无量纲的分级数系，适用于各种量值的分级。它又是十进制几何级数，对于标准化对象的简化和协调起着重要的作用。因此，它更是国际上一项统一的重要基础标准。

19 世纪末，法国的雷诺(C. Renard)为了对气球上使用的绳索规格进行简化，每进 5 项值增大为原来的 10 倍(十进制几何级数)，用以对绳索尺寸系列进行分级，结果把 425 种规格简化成 17 种，简化后形成的尺寸规格系列相当于现今优先数中的 R5、R10、R20 和 R40 等系列。为了纪念雷诺，又称优先数为 R 数系。

我国国家标准 GB/T 321—2005《优先数和优先数系》规定了数值分级制度的主要内容。国家标准指明：确定产品的技术参数或参数系列时，必须最大限度地采用优先数和优先数系(series of preferred number)，以便使产品的参数选择及其后续工作一开始就纳入标准化的轨道。

GB/T 321—2005 规定：优先数系是公比为 $\sqrt[5]{10}$、$\sqrt[10]{10}$、$\sqrt[20]{10}$、$\sqrt[40]{10}$ 和 $\sqrt[80]{10}$ 且项值中含有 10 的整数幂几何级数的常用圆整值，采用符号 R5、R10、R20、R40、R80 表示，其中前四项为基本系列，公比如下：

R5：$\qquad\qquad\qquad\qquad q_5 = \sqrt[5]{10} \approx 1.6$

R10：$\qquad\qquad\qquad\qquad q_{10} = \sqrt[10]{10} \approx 1.25$

R20：$\qquad\qquad\qquad\qquad q_{20} = \sqrt[20]{10} \approx 1.12$

R40：$\qquad\qquad\qquad\qquad q_{40} = \sqrt[40]{10} \approx 1.06$

R80 系列称为补充系列，仅在参数分级很细或基本系列中的优先数不能适应实际情况时才考虑采用。R80 系列的公比为

$$q_{80} = \sqrt[80]{10} \approx 1.03$$

派生系列是从基本系列或补充系列 Rr 中，每 p 项取值导出的系列，以 Rr/p 表示(比值 r/p 是 1~10、10~100 等各个十进制数内项值的分级数)，其公比为

$$q_{r/p} = q_r^p = (\sqrt[r]{10})^p = 10^{p/r}$$

例如，在工程上还采用 R10/3 系列(派生系列)，其公比 $q \approx 2$。也就是在 R10 系列中每隔三项选一个数值组成的数系，即 1.00，2.00，4.00，8.00，16.0，32.0，64.0，…。

国家标准规定：优先数系中的各项值均为优先数。

根据优先数系的公比计算，可以得到优先数各项的理论值，这些理论值除了 10 的整数幂外均为无理数，在工程技术上无法直接应用，实际应用的是经过圆整后的常用值和计算值。基本系列的常用值见表 1.1，补充系列 R80 的常用值见表 1.2。

优先数系列相邻两项的相对差均匀，项值排列疏密适中，而且运算方便，简单易记，具有广泛的实用性。在设计各类产品时，如果产品的主要参数按优先数选用并形成系列，则可以减轻设计计算的工作总量，便于分析各参数之间的内在关系，从而用有限的产品规格系列最大限度地满足用户的多种需求。因此，优先数和优先数系被用来作为数值统一的标准，在各个工业发达国家得到了极其广泛的应用。

表 1.1　基本系列的常用值(摘自 GB/T 321—2005/ISO3：1973)

基本系列				基本系列			
R5	R10	R20	R40	R5	R10	R20	R40
1.00	1.00	1.00	1.00		3.15	3.15	3.15
			1.06				3.35
		1.12	1.12			3.55	3.55
			1.18				3.75
	1.25	1.25	1.25	4.00	4.00	4.00	4.00
			1.32				4.25
		1.40	1.40			4.50	4.50
			1.50				4.75
1.60	1.60	1.60	1.60		5.00	5.00	5.00
			1.70				5.30
		1.80	1.80			5.60	5.60
			1.90				6.00
	2.00	2.00	2.00	6.30	6.30	6.30	6.30
			2.12				6.70
		2.24	2.24			7.10	7.10
			2.36				7.50
2.50	2.50	2.50	2.50		8.00	8.00	8.00
			2.65				8.50
		2.80	2.80			9.00	9.00
			3.00				9.50
				10.00	10.00	10.00	10.00

表 1.2　补充系列 R80 的常用值(摘自 GB/T 321—2005/ISO3：1973)

1.00	1.25	1.60	2.00	2.50	3.15	4.00	5.00	6.30	8.00
1.03	1.28	1.65	2.06	2.58	3.25	4.12	5.15	6.50	8.25
1.06	1.32	1.70	2.12	2.65	3.35	4.25	5.30	6.70	8.50
1.09	1.36	1.75	2.18	2.72	3.45	4.37	5.45	6.90	8.75
1.12	1.40	1.80	2.24	2.80	3.55	4.50	5.60	7.10	9.00
1.15	1.45	1.85	2.30	2.90	3.65	4.62	5.80	7.30	9.25
1.18	1.50	1.90	2.35	3.00	3.75	4.75	6.00	7.50	9.50
1.22	1.55	1.95	2.43	3.07	3.85	4.87	6.15	7.75	9.75

1.4　测量技术的重要性

几何量检测是组织互换性生产必不可少的重要措施。由于零部件的加工误差不可避免，因此必须采用先进的公差标准对机械零部件的几何量规定合理的公差，用以实现零部件的互换性。若不采用适当的检测措施，则规定的公差也就形同虚设，不能发挥作用。因此，应按照公差标准和检测技术要求对零部件的几何量进行检测。只有几何量合格者，才能保证零部件在几何量方面的互换性。检测是检验和测量的统称。一般来说，测量的结果能够获得具体的数值；检验的结果只能判断合格与否，而不能获得具体数值。但是，必须注意到，在检测过程中又会不可避免地产生或大或小的测量误差，这将导致两种误判：

（1）误收——把不合格品误认为合格品而接收；

（2）误废——把合格品误认为不合格品而废弃。

这是测量误差表现在检测方面的矛盾，这就需要从保证产品的质量和经济性两方面综合考虑，合理解决。

检测的目的不仅仅在于判断工件合格与否，还有其他积极的方面，即根据检测的结果分析产生废品的原因，以便降低废品率。

1.5　本课程的性质与任务

"互换性与技术测量"课程的发展与机械工业的发展密切相关，它是高等学校机械类和近机械类相关专业的一门重要的技术基础课，在教学计划中起承上启下的作用，是联系设计课程与工艺课程的纽带，是从基础课学习过渡到专业课学习的桥梁。随着机械制造业的发展，机械的精度设计与运动设计、强度设计一样，已经成为机械设计过程中不可缺少的重要环节之一，是保证机械产品质量、降低成本的重要因素之一。本课程由几何量公差与检测两部分组成，前一部分的内容主要通过课堂教学和课外作业来完成，后一部分的内容主要通过实验课来完成。

学生在学习本课程后应达到下列要求：

（1）掌握互换性生产原则及公差与配合的规律和选用；

（2）了解相关的基本概念；

（3）能够理解零件精度设计的基本原理和方法；

（4）能够查用本课程介绍的公差表格，正确标注图样；

（5）了解检测技术的基本知识并具备零件技术测量的基本技能。

总之，本课程的任务在于使学生获得机械工程技术人员所必须具备的几何量公差与检测方面的基础知识和技能，而后续课程的教学和毕业后的实际工作锻炼，则使学生进一步加深理解和逐渐熟练掌握本课程的内容。

复 习 与 思 考

1. 广义互换性的定义是什么？机械产品零部件互换的含义是什么？

2. 互换性原则是否在任何生产情况下都适用？试加以说明。

3. 何谓标准？何谓标准化？互换性生产与标准化的关系是什么？

4. 自 IT6 级以后，孔、轴标准公差等级系数为 10，16，25，40，64，100，160，…。试判断它们属于哪个优先数系。

5. 试写出派生系列 R5/3、R10/2、R20/3 中从 1 到 100 的常用值。

6. GB/T 321—2005 规定什么数列作为优先数系？试述这个数列的特点。

第2章　极限与配合

2.1　几何参数误差的种类

几何参数误差分为以下几种：

(1) 尺寸误差：工件加工后的实际尺寸与理想尺寸之差。

(2) 几何形状误差：零件几何要素的实际形状与理想形状之差，一般由机床、夹具、刀具、工件所组成的工艺系统的误差所造成。

(3) 位置误差(相互位置精度)：工件加工后，各表面或中心线之间的实际相互位置与理想位置的差值(平行度、垂直度、同轴度等)。

(4) 表面粗糙度：加工后刀具在工件表面上留下的大量微小的高低不平的波形，其波峰和波长都很小。

公差是零件尺寸和几何参数允许的变动量，是允许的最大误差。公差用来协调机械零件的使用要求与加工经济性之间的矛盾，是由设计人员给定的。误差是在加工过程中产生的，零件应按规定的极限(即公差)来制造，工件的误差在公差范围内为合格件，超出了公差范围为不合格件。

2.2　基本术语和定义

产品几何技术规范(GPS)极限与配合中，公差与配合部分的标准主要包括：

(1) GB/T 1800.1—2009《产品几何技术规范(GPS)极限与配合　第1部分：公差、偏差和配合的基础》。

(2) GB/T 1800.2—2009《产品几何技术规范(GPS)极限与配合　第2部分：标准公差等级和孔、轴极限偏差表》。

(3) GB/T 1801—2009《产品几何技术规范(GPS)极限与配合　公差带和配合的选择》。

(4) GB/T 1804—2000《一般公差　未注公差的线性和角度尺寸的公差》。

这些标准是尺寸精度设计的重要依据，我们将在本章进行介绍，而有关公差与配合的技术保证(即测量与检验)部分的国家标准将在后面章节中介绍。

2.2.1　有关要素的术语和定义

1. 尺寸要素

尺寸要素(feature of size)是指由一定大小的线性尺寸或角度尺寸确定的几何形状。

2. 实际(组成)要素

实际(组成)要素(real (intergral) feature)是指由接近实际(组成)要素所限定的工件实

际表面的组成要素部分。

3. 提取组成要素

提取组成要素(extracted intergral feature)是指按规定方法,由实际(组成)要素提取有限数目的点所形成的实际(组成)要素的近似替代。

4. 拟合组成要素

拟合组成要素(associated intergral feature)是指按规定方法,由提取组成要素形成的具有理想形状的组成要素。

2.2.2 孔与轴的定义

孔与轴的《极限与配合》标准是机械工程中最重要的基础标准,制定最早,体系比较完善,也是学习其他互换性标准的基础。

孔(hole):通常指工件的圆柱形内表面,也包括非圆柱形内表面(有两个平行平面或切面的包容面)。

轴(shaft):通常是指工件的圆柱形外表面,也包括非圆柱形外表面(由两个平行平面或切面形成的被包容面)。

由定义可见,孔和轴具有广泛的含义,如图 2.1 所示。

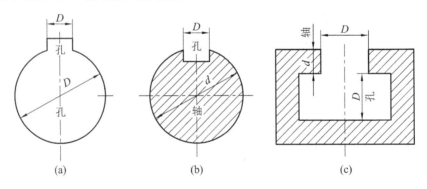

图 2.1 孔与轴示意图

孔与轴的区别:从装配关系看,孔为包容面,轴为被包容面;从加工过程看,孔的尺寸由小变大,而轴的尺寸由大变小。

2.2.3 有关尺寸的术语和定义

1. 尺寸

用特定单位表示线性长度值的数值,称为尺寸(size)。尺寸由数字和长度单位组成,在技术制图中,通常用毫米(mm)作为长度单位。在图样上标注尺寸时,省略单位 mm,只书写数字,如直径 $\phi40$、半径 $R20$、宽度 12、高度 120、中心距 60 等。

2. 公称尺寸

公称尺寸(nominal size)是设计确定的尺寸,是由图样规范确定的理想形状要素的尺寸。大写字母表示孔,小写字母表示轴,如 D 和 d(L 或 l)。通过公称尺寸,应用上、下偏差可算出极限尺寸的尺寸。设计者根据产品的使用要求(如强度、刚度、运动、造型、结构、工艺等)进行计算,并参照 GB/T 2822—2005 标准尺寸中规定的数值选取。公称尺寸可以是一个整数或一个小数,如 32、15、8.75、0.5 等。

3. 实际(组成)要素尺寸

实际(组成)要素尺寸(size of real (intergral) feature)也称实际尺寸(actual size),是指零件加工后通过测量获得的尺寸。通过测量得到的尺寸(孔 D_a、轴 d_a)如图 2.2 所示。一个孔或轴的任意横截面中的任意距离即任何两相对点之间测得的尺寸。由于测量误差的存在,所测得的尺寸并非所测尺寸的真值,只能用一个近似真值的测量尺寸代替真值。

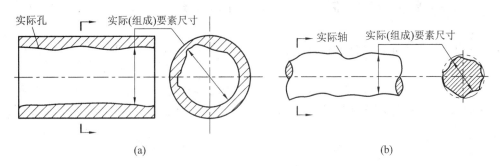

图 2.2　实际(组成)要素尺寸

4. 极限尺寸

尺寸要素允许的尺寸的两个极端,称为极限尺寸(limits of size)。实际(组成)要素尺寸位于其中,也可达到极限尺寸。孔和轴允许的最大尺寸,称为上极限尺寸,分别用 D_{max}、d_{max} 来表示;孔和轴允许的最小尺寸,称为下极限尺寸,分别用 D_{min}、d_{min} 来表示。极限尺寸是以公称尺寸为基数来确定的,极限尺寸用于控制实际尺寸,实际(组成)要素尺寸在极限尺寸范围内表明工件合格,否则不合格。

2.2.4　有关偏差、公差的术语和定义

1. 偏差

某一尺寸(实际(组成)要素尺寸、极限尺寸)减其公称尺寸所得的代数差,称为偏差(deviation)。偏差可为正值、负值或零。在进行计算时,除 0 外必须冠以正号或负号。

1) 极限偏差

极限尺寸减其公称尺寸所得的代数差,称为极限偏差(limit deviation)。上极限尺寸减其公称尺寸所得的代数差,称为上极限偏差(孔 ES、轴 es);下极限尺寸减其公称尺寸所得的代数差,称为下极限偏差(孔 EI、轴 ei)。

根据定义,上、下极限偏差用公式表示如下:

孔的上极限偏差:

$$ES = D_{max} - D \tag{2-1}$$

孔的下极限偏差:

$$EI = D_{min} - D \tag{2-2}$$

轴的上极限偏差:

$$es = d_{max} - d \tag{2-3}$$

轴的下极限偏差：

$$ei = d_{min} - d \qquad (2-4)$$

2）实际偏差

实际（组成）要素尺寸减其公称尺寸所得的代数差，称为实际偏差（actual deviation）。它应位于极限偏差范围内，因此，上极限偏差和下极限偏差用于限制实际偏差的变动范围，且影响配合的松紧程度。

由于满足孔与轴配合的不同松紧要求，因此极限尺寸可能大于、小于或等于其公称尺寸，极限偏差的数值可能是正值、负值或零。故在偏差值（除零值外）的前面，应标上相应的"＋"号或"－"号。

综上所述，偏差是以公称尺寸为基数、从偏离公称尺寸的角度来表述有关尺寸的术语。

3）偏差的标注

上极限偏差标在公称尺寸右上角，下极限偏差标在公称尺寸右下角。

例如，$\phi 25^{-0.020}_{-0.033}$ 表示公称尺寸为 25 mm，上极限偏差为 －0.020 mm，下极限偏差为 －0.033 mm。

2. 尺寸公差

上极限尺寸减下极限尺寸或上极限偏差减下极限偏差称为尺寸公差（size tolerance），简称公差。尺寸公差是指允许尺寸的变动量。尺寸公差 T 的计算式如下：

轴的公差：

$$T_s = d_{max} - d_{min} = es - ei \qquad (2-5)$$

孔的公差：

$$T_h = D_{max} - D_{min} = ES - EI \qquad (2-6)$$

公差是设计时根据零件要求的精度（零件加工后的几何参数与理想几何参数相符合的程度），并考虑加工的经济性，对尺寸的变动范围给定的允许值，公差用以限制误差。公差值无正负含义，不应出现"＋""－"号，且加工误差不可避免，公差不能为零（$T \neq 0$）。公称尺寸相同的零件，给定公差值越大，制造越容易。极限尺寸、公差与偏差的相互关系见图 2.3。

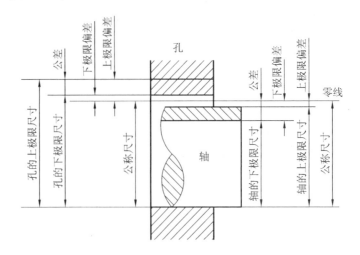

图 2.3　极限与配合示意图

3. 公差带与公差带图

表明两个相互结合的孔、轴的公称尺寸、极限偏差与公差之间的相互关系的图形，称为公差带图，如图 2.4 所示。

(1) 公差带(tolerance zone)：在公差带图中，由代表上、下极限偏差的两条直线所限定的区域，称为公差带。它是由公差大小和其相对于零线的位置(如基本偏差)确定的。公差带在垂直零线方向上的宽度代表公差值，沿零线方向的长度可适当选取。

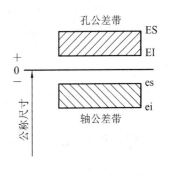

图 2.4　尺寸公差带

(2) 零线：在公差带图中，以表示公称尺寸的一条直线(即 0 偏差线)为基准确定偏差和公差，这条直线称为零线。通常情况下，零线沿水平方向绘制，正偏差位于零线上方，负偏差位于零线下方。

(3) 公差带图的绘制步骤如下：

① 画零线，在零线的左端标出"＋""－""0"，在零线的左下角，用单箭头指向零线表示公称尺寸，并标出其数值。

② 按适当比例画出孔、轴的公差带，即由代表上极限偏差和下极限偏差或上极限尺寸和下极限尺寸的两条直线所限定的一个区域。通常孔、轴的公差带分别画上剖面线，以便区分。

③ 标出孔和轴的上、下极限偏差值及其他要求标注的数值，如图 2.4 所示。公差带在垂直零线方向的宽度代表公差值，公差带沿零线方向的长度可适当任取。

④ 公称尺寸的单位为 mm，偏差及公差的单位可用 μm，均省略不写。

国家标准规定：标准公差给出公差值的大小，基本偏差确定公差带的位置。

4. 标准公差 IT

在 GB/T 1800 中规定的任一公差，均为标准公差(standard tolerance)。标准公差的符号为字母 IT。

5. 基本偏差

在 GB/T 1800 中，确定公差带相对零线位置的那个极限偏差称为基本偏差(fundamental deviation)。基本偏差可以是上极限偏差，也可以是下极限偏差。当公差带在零线上方时，其基本偏差为下极限偏差；当公差带在零线下方时，其基本偏差为上极限偏差，如图 2.5 所示。

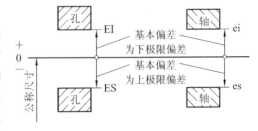

图 2.5　基本偏差

【例 2.1】　公称尺寸为 φ30 的孔和轴，孔的上极限尺寸为 φ30.21 mm，孔的下极限尺寸为 φ30.05 mm，轴的上极限尺寸为 φ29.90 mm，轴的下极限尺寸为 φ29.75 mm。求孔和轴的极限偏差和公差，并画出孔和轴的公差带图。

解　(1) 孔的上极限偏差：

$$ES = 30.21 - 30 = +0.21$$

孔的下极限偏差：
$$EI = 30.05 - 30 = +0.05$$

孔的公差：
$$T_h = ES - EI = 0.21 - 0.05 = 0.16$$

孔偏差的标注：$\phi 30^{+0.21}_{+0.050}$。

（2）轴的上极限偏差：
$$es = 29.90 - 30 = -0.10$$

轴的下极限偏差：
$$ei = 29.75 - 30 = -0.25$$

轴的公差：
$$T_s = es - ei = 0.15$$

轴偏差的标注：$\phi 30^{-0.10}_{-0.25}$。

（3）公差带图如图 2.6 所示。

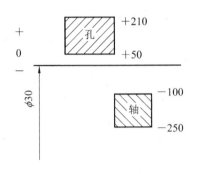

图 2.6　公差带图

2.2.5　有关配合的术语和定义

1. 配合

公称尺寸相同的相互结合的孔与轴公差带之间的关系称为配合(fit)。配合的性质即松紧程度和松紧变化程度，配合的松紧主要与间隙和过盈及其大小有关，即与孔、轴公差带的相互位置有关；配合的松紧变化(配合精度)与孔、轴公差带的大小有关。

2. 间隙与过盈

孔的尺寸减去相配合的轴的尺寸为正值称为间隙(用 X 表示)；孔的尺寸减去相配合的轴的尺寸为负值称为过盈(用 Y 表示)。

注意：间隙数值前必须标"＋"号，如＋0.025 mm；过盈数值前必须标"－"号，如－0.020 mm。"＋""－"号在配合中仅代表间隙与过盈的意思，不可与一般数值大小相混。

按照孔、轴公差带的相互位置，即孔、轴形成间隙或过盈的情况，孔和轴可形成间隙配合、过盈配合和过渡配合三类配合。

1）间隙配合

具有间隙(包括最小间隙等于零)的配合称为间隙配合(clearance fit)。此时，孔的公差带在轴的公差带上方，如图 2.7 所示。对一批零件而言，所有孔的尺寸大于轴的尺寸。

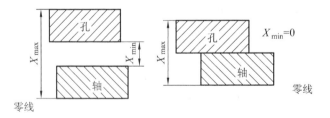

图 2.7　间隙配合

间隙配合的性质用最大间隙、最小间隙两个特征值表示。

孔的上极限尺寸减去轴的下极限尺寸所得的代数差称为最大间隙，用 X_{max} 表示，即

$$X_{\max} = D_{\max} - d_{\min} = \text{ES} - \text{ei} \qquad (2-7)$$

表示配合中的最松状态。

孔的下极限尺寸减去轴的上极限尺寸所得的代数差称为最小间隙,用 $X_{\min}$ 表示,即

$$X_{\min} = D_{\min} - d_{\max} = \text{EI} - \text{es} \qquad (2-8)$$

表示配合中的最紧状态。

另外,在实际生产中常常用到平均间隙,用 X_{av} 表示,它是最大间隙与最小间隙的算术平均值,即

$$X_{av} = \frac{X_{\max} + X_{\min}}{2} \qquad (2-9)$$

2)过盈配合

具有过盈(包括最小过盈等于零)的配合,称为过盈配合(interference fit)。此时,孔公差带在轴公差带之下,如图 2.8 所示。对一批零件而言,所有孔的尺寸小于或等于轴的尺寸。

过盈配合的性质用最大过盈、最小过盈两个特征值表示。

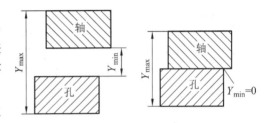

图 2.8 过盈配合

孔的下极限尺寸减去轴的上极限尺寸所得的代数差称为最大过盈,用 $Y_{\max}$ 表示,即

$$Y_{\max} = D_{\min} - d_{\max} = \text{EI} - \text{es} \qquad (2-10)$$

表示过盈配合中的最紧状态。

孔的上极限尺寸减去轴的下极限尺寸所得的代数差称为最小过盈,用 $Y_{\min}$ 表示,即

$$Y_{\min} = D_{\max} - d_{\min} = \text{ES} - \text{ei} \qquad (2-11)$$

表示过盈配合中的最松状态,$Y_{\min}=0$ 时标准规定仍属过盈配合。

另外,在实际生产中常常用到平均过盈,用 Y_{av} 表示,它是最大过盈与最小过盈的算术平均值,即

$$Y_{av} = \frac{Y_{\max} + Y_{\min}}{2} \qquad (2-12)$$

3)过渡配合

可能具有间隙或过盈的配合称为过渡配合(transition fit)。此时,孔的公差带与轴的公差带相互交叠,如图 2.9 所示。过渡配合指的是孔的公差带与轴的公差带相互交叠。实际装配后的一对孔和轴只存在间隙或过盈两种情况之一,即为间隙配合或过盈配合。

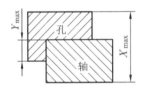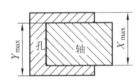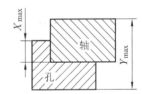

图 2.9 过渡配合

孔的上极限尺寸减去轴的下极限尺寸所得的代数差称为最大间隙,用 $X_{\max}$ 表示,即

$$X_{\max} = D_{\max} - d_{\min} = \text{ES} - \text{ei}$$

表示过渡配合中的最松状态。

孔的下极限尺寸减去轴的上极限尺寸所得的代数差称为最大过盈，用 $Y_{\max}$ 表示，即

$$Y_{\max} = D_{\min} - d_{\max} = \mathrm{EI} - \mathrm{es}$$

表示过渡配合中的最紧状态。

最大间隙与最大过盈的平均值称为平均间隙或平均过盈，即

$$X_{\mathrm{av}}(Y_{\mathrm{av}}) = \frac{X_{\max} + Y_{\max}}{2} \tag{2-13}$$

3. 配合公差

标准允许的间隙或过盈的变动量称为配合公差(variation of fit)，用 T_{f} 表示。它是设计人员根据机器配合部位使用性能的要求对配合松紧变动的程度给定的允许值。

对于间隙配合：

$$T_{\mathrm{f}} = |X_{\max} - X_{\min}| \tag{2-14}$$

对于过盈配合：

$$T_{\mathrm{f}} = |Y_{\max} - Y_{\min}| \tag{2-15}$$

对于过渡配合：

$$T_{\mathrm{f}} = |X_{\max} - Y_{\max}| \tag{2-16}$$

以上三类配合的配合公差皆为孔公差与轴公差之和，即

$$T_{\mathrm{f}} = T_{\mathrm{h}} + T_{\mathrm{s}} \tag{2-17}$$

在数量方面，标准以处于最松状态的极限间隙或极限过盈与处于最紧状态的极限间隙或极限过盈的代数差的绝对值为配合公差，配合公差没有正负的含义。

式(2-17)说明配合公差(配合精度)决定了相互配合的孔和轴的尺寸公差(尺寸精度)。设计时，可根据配合公差来确定孔和轴的尺寸公差。若要提高配合精度，使配合后的间隙或过盈的变化范围减小，则应减小零件的公差，即需要提高零件的加工精度。

配合公差反映配合精度，配合种类反映配合性质。

【例2.2】 孔 $\phi25^{+0.021}_{0}$ 分别与轴 $\phi25^{-0.020}_{-0.033}$、轴 $\phi25^{+0.041}_{+0.028}$、轴 $\phi25^{+0.015}_{+0.002}$ 形成配合，试画出公差带图，说明配合种类，并求出特征参数值及配合公差。

解 (1)画孔和轴的公差带图，如图2.10所示。

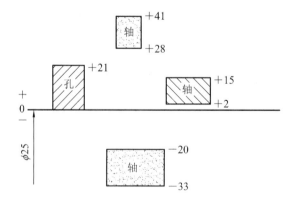

图 2.10　公差带图

(2)由三种配合中孔和轴的公差带的关系可知：孔 $\phi25^{+0.021}_{0}$ 与轴 $\phi25^{-0.020}_{-0.033}$、轴 $\phi25^{+0.041}_{+0.028}$、轴 $\phi25^{+0.015}_{+0.002}$ 分别形成间隙配合、过盈配合、过渡配合。

（3）计算特征参数及配合公差。

① 孔 $\phi 25^{+0.021}_{0}$ 与轴 $\phi 25^{-0.020}_{-0.033}$ 形成间隙配合的特征参数：

$$X_{max} = ES - ei = 0.021 - (-0.033) = +0.054 \text{ mm}$$

$$X_{min} = EI - es = 0 - (-0.020) = +0.020 \text{ mm}$$

配合公差 $T_f = |X_{max} - X_{min}| = 0.034 \text{ mm}$。

② 孔 $\phi 25^{+0.021}_{0}$ 与轴 $\phi 25^{+0.041}_{+0.028}$ 形成过盈配合的特征参数：

$$Y_{max} = EI - es = 0 - (+0.041) = -0.041 \text{ mm}$$

$$Y_{min} = ES - ei = 0.021 - (+0.028) = -0.007 \text{ mm}$$

配合公差 $T_f = |Y_{max} - Y_{min}| = 0.034 \text{ mm}$。

③ 孔 $\phi 25^{+0.021}_{0}$ 与轴 $\phi 25^{+0.015}_{+0.002}$ 形成过渡配合的特征参数：

$$X_{max} = ES - ei = 0.021 - (+0.002) = +0.019 \text{ mm}$$

$$Y_{max} = EI - es = 0 - (+0.015) = -0.015 \text{ mm}$$

配合公差 $T_f = |X_{max} - Y_{max}| = 0.034 \text{ mm}$。

4. 配合制

同一极限制的孔和轴组成配合的一种制度称为配合制（fit system）。国家标准规定了两种配合制：基孔制配合和基轴制配合。

（1）基孔制配合（hole-basis system of fit）：基本偏差一定的孔的公差带与不同基本偏差的轴的公差带形成各种配合（间隙、过渡或过盈）的一种制度。如图 2.11 所示，基孔制中的孔为基准孔，代号为"H"，其下极限偏差为零（EI＝0）。

（2）基轴制配合（shaft-basis system of fit）：基本偏差一定的轴的公差带与不同基本偏差的孔的公差带形成各种配合（间隙、过渡或过盈）的一种制度。如图 2.12 所示，基轴制中的轴为基准轴，代号为"h"，其上极限偏差为零（es＝0）。

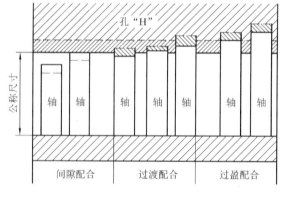
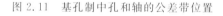
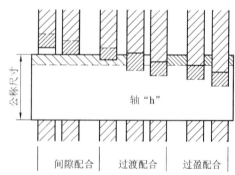

图 2.11　基孔制中孔和轴的公差带位置　　　　图 2.12　基轴制中孔和轴的公差带位置

2.3　公称尺寸至 3150 mm 的标准公差和基本偏差

2.3.1　标准公差

标准公差是为国家标准极限与配合制中所规定的任一公差值，它的数值取决于孔或轴的标准公差等级和基本尺寸。

1. 标准公差等级和代号

极限与配合制中,确定尺寸精度程度的等级称为标准公差等级。规定和划分公差等级的目的,是为了简化和统一公差的要求,使规定的等级既能满足不同的使用要求,又能大致代表各种加工方法的精度,为零件设计和制造带来了极大的方便。

国家标准 GB/T 1800.1—2009 规定公称尺寸至 500 mm 内标准公差分为 20 个等级,公称尺寸为 500 mm 至 3150 mm 内标准公差分为 18 个等级,标准公差等级代号由 IT 和阿拉伯数字组成,分别为 IT01、IT0、IT1、IT2、…、IT18。其中,IT01 等级最高,然后依次降低,IT18 最低;而相应的标准公差值依次增大,即 IT01 公差值最小,IT18 公差值最大(标准公差等级 IT01、IT0 在工业中很少用到,此处略去),数值见表 2.1。

表 2.1 公称尺寸至 3150 mm 的标准公差数值(摘自 GB/T 1800.1—2009)

公称尺寸 /mm		标准公差等级																	
大于	至	IT1	IT2	IT3	IT4	IT5	IT6	IT7	IT8	IT9	IT10	IT11	IT12	IT13	IT14	IT15	IT16	IT17	IT18
		μm											mm						
—	3	0.8	1.2	2	3	4	6	10	14	25	40	60	0.1	0.14	0.25	0.4	0.6	1	1.4
3	6	1	1.5	2.5	4	5	8	12	18	30	48	75	0.12	0.18	0.3	0.48	0.75	1.2	1.8
6	10	1	1.5	2.5	4	6	9	15	22	36	58	90	0.15	0.22	0.36	0.58	0.9	1.5	2.2
10	18	1.2	2	3	5	8	11	18	27	43	70	110	0.18	0.27	0.43	0.7	1.1	1.8	2.7
18	30	1.5	2.5	4	6	9	13	21	33	52	84	130	0.21	0.33	0.52	0.84	1.3	2.1	3.3
30	50	1.5	2.5	4	7	11	16	25	39	62	100	160	0.25	0.39	0.62	1	1.6	2.5	3.9
50	80	2	3	5	8	13	19	30	46	74	120	190	0.3	0.46	0.74	1.2	1.9	3	4.6
80	120	2.5	4	6	10	15	22	35	54	87	140	220	0.35	0.54	0.87	1.4	2.2	3.5	5.4
120	180	3.5	5	8	12	18	25	40	63	100	160	250	0.4	0.63	1	1.6	2.5	4	6.3
180	250	4.5	7	10	14	20	29	46	72	115	185	290	0.46	0.72	1.15	1.85	2.9	4.6	7.2
250	315	6	8	12	16	23	32	52	81	130	210	320	0.52	0.81	1.3	2.1	3.2	5.2	8.1
315	400	7	9	13	18	25	36	57	89	140	230	360	0.57	0.89	1.4	2.3	3.6	5.7	8.9
400	500	8	10	15	20	27	40	63	97	155	250	400	0.63	0.97	1.55	2.5	4	6.3	9.7
500	630	9	11	16	22	32	44	70	110	175	280	440	0.7	1.1	1.75	2.8	4.4	7	11
630	800	10	13	18	25	36	50	80	125	200	320	500	0.8	1.25	2	3.2	5	8	12.5
800	1000	11	15	21	28	40	56	90	140	230	360	560	0.9	1.4	2.3	3.6	5.6	9	14
1000	1250	13	18	24	33	47	66	105	165	260	420	660	1.05	1.65	2.6	4.2	6.6	10.5	16.5
1250	1600	15	21	29	39	55	78	125	195	310	500	780	1.25	1.95	3.1	5	7.8	12.5	19.5
1600	2000	18	25	35	46	65	92	150	230	370	600	920	1.5	2.3	3.7	6	9.2	15	23
2000	2500	22	30	41	55	78	110	175	280	440	700	1100	1.75	2.8	4.4	7	11	17.5	28
2500	3150	26	36	50	68	96	135	210	330	540	860	1350	2.1	3.3	5.4	8.6	13.5	21	33

注:(1) 公称尺寸大于 500 mm 的 IT1～IT5 的标准公差数值为试行值。

(2) 公称尺寸小于或等于 1 mm 时,无 IT14～IT18。

标准公差等级 IT01 和 IT0 在工业中很少用到，公称尺寸至 500 mm 的标准公差等级 IT01 和 IT0 的公差数值见表 2.2。

表 2.2　IT01 和 IT0 的公差数值（摘自 GB/T 1800.1—2009）

公称尺寸/mm		标准公差等级		公称尺寸/mm		标准公差等级	
		IT01	IT0			IT01	IT0
大于	至	μm		大于	至	μm	
—	3	0.3	0.5	80	120	1	1.5
3	6	0.4	0.6	120	180	1.2	2
6	10	0.4	0.6	180	250	2	3
10	18	0.5	0.8	250	315	2.5	4
18	30	0.6	1	315	400	3	5
30	50	0.6	1	400	500	4	6
50	80	0.8	1.2				

同一公差等级（例如 IT7），对所有基本尺寸的一组公差被认为具有同等精确程度（即公差等级相同，尺寸的精确程度相同）。

2. 标准公差因子

机械零件的制造误差不仅与加工方法有关，而且与基本尺寸的大小有关，为了评定零件尺寸公差等级的高低，合理地规定公差数值，建立了公差因子的概念。

标准公差因子是计算标准公差的基本单位，也是制定标准公差数值系列的基础。根据生产实践经验及专门的科学试验和统计分析，零件的加工误差与公称尺寸之间的关系如下：

（1）当公称尺寸不大于 500 mm 时，标准公差因子用 i 表示，公差等级在 IT5～IT18 时，标准公差因子按下式计算：

$$i = 0.45\sqrt[3]{D} + 0.001D \qquad (2-18)$$

式中，i 的单位为 μm；D 为公称尺寸的几何平均值，单位为 mm。式（2-18）中包含两项，第一项主要是反映加工误差，呈抛物线的规律变化；第二项用于补偿与直径成正比的误差，包括测量时由于偏离标准温度及量规的变形等引起的测量误差。当直径很小时，第二项所占比重很小。

（2）当公称尺寸大于 500 mm 时，标准公差因子用 I 表示，可按下式计算：

$$I = 0.004D + 2.1 \qquad (2-19)$$

式中，I 的单位为 μm；D 为公称尺寸的几何平均值，单位为 mm。当直径较大时，标注公差因子随直径的增加而快速增大，公差值相应增大。

对于大尺寸而言，与直径成正比的误差因素，产生的影响较为显著，特别是温度，其变化引起的误差与直径呈线性关系。所以，国家标准规定大尺寸的标准公差因子采用线性关系。

3. 标准公差数值

国家标准规定标准公差数值是用公差等级系数 a 与公差单位 $i(I)$ 的乘积来确定的(除等级 IT01~IT4 外),即

$$IT = ai(I) \tag{2-20}$$

标准公差计算公式如表 2.3 和表 2.4 所示。

表 2.3　IT1~IT18 标准公差计算公式

公称尺寸 /mm		标准公差等级								
		IT1	IT2	IT3	IT4	IT5	IT6	IT7	IT8	IT9
大于	至	标准公差计算公式/μm								
—	500	—	—	—	—	$7i$	$10i$	$16i$	$25i$	$40i$
500	3150	$2I$	$2.7I$	$3.7I$	$5I$	$7I$	$10I$	$16I$	$25I$	$40I$
公称尺寸 /mm		标准公差等级								
		IT10	IT11	IT12	IT13	IT14	IT15	IT16	IT17	IT18
大于	至	标准公差计算公式/μm								
—	500	$64i$	$100i$	$160i$	$250i$	$400i$	$640i$	$1000i$	$1600i$	$2500i$
500	3150	$64I$	$100I$	$160I$	$250I$	$400I$	$640I$	$1000I$	$1600I$	$2500I$

注:从 IT6 起,其规律为每增加 5 个等级,标准公差增加至 10 倍,也可用于延伸超过 IT18 的 IT 等级。

表 2.4　IT01、IT0、IT1 标准公差计算公式　　　　μm

标准公差等级	IT01	IT0	IT1
计算公式	$0.3\pm0.008D$	$0.5\pm0.012D$	$0.8+0.02D$

注:D 为公称尺寸段的几何平均值(mm)。

在公称尺寸一定的情况下,公差等级系数 a 是决定标准公差大小的唯一参数,a 的大小在一定程度上反映了加工方法的难易程度。

4. 公称尺寸分段

根据标准公差计算式,每一个公称尺寸都应当有一个相应的公差值。但在实际生产中,基本尺寸很多,会形成一个庞大的公差数值表,反而给生产带来许多困难。实际上,公差等级相同而公称尺寸相近的公差数值差别并不大。

为了简化公差表格以便于使用,国家标准对公称尺寸进行了分段,见表 2.5。在同一尺寸段内,公差等级相同的所有尺寸,其标准公差因子都相同。尺寸分段后按首尾两个尺寸(D_1 和 D_2)的几何平均值作为 D 值($D=\sqrt{D_1 D_2}$),再代入式(2-18)和式(2-19)中来

计算公差值。

表 2.5　公称尺寸分段（摘自 GB/T 1800.1—2009）　　　　mm

主段落		中间段落		主段落		中间段落	
大于	至	大于	至	大于	至	大于	至
—	3			250	315	250	280
		无细分段				280	315
3	6			315	400	315	355
6	10					355	400
10	18	10	14	400	500	400	450
		14	18			450	500
18	30	18	24	500	630	500	560
		24	30			560	630
30	50	30	40	630	800	630	710
		40	50			710	800
50	80	50	65	800	1000	800	900
		65	80			900	1000
80	120	80	100	1000	1250	1000	1120
		100	120			1120	1250
120	180	120	140	1250	1600	1250	1400
		140	160			1400	1600
		160	180	1600	2000	1600	1800
						1800	2000
180	250	180	200	2000	2500	2000	2240
		200	225			2240	2500
		225	250	2500	3150	2500	2800
						2800	3150

【例 2.3】　计算公称尺寸为 >30～50 mm 段内，IT6 和 IT7 的标准公差值。

解　几何平均值为

$$D = \sqrt{30 \times 50} = 38.73 \text{ mm}$$

因 $D \leqslant 500$ mm，故应用公式（2-18）计算标准公差因子，得

$$i = 0.45 \sqrt[3]{38.73} + 0.001 \times 38.73 = 1.56 \ \mu\text{m}$$

由表 2.1 查得

$$\text{IT6} = 10i = 10 \times 1.56 = 15.6 \approx 16 \ \mu\text{m}$$

$$\text{IT7} = 16i = 16 \times 1.56 = 24.96 \approx 25 \ \mu\text{m}$$

计算结果与表 2.1 标准公差值相同。

2.3.2　基本偏差

如上所述，基本偏差是用来确定公差带相对于零线位置的上极限偏差或下极限偏差，一般指最靠近零线的那个偏差，如图 2.5 所示。所以，当公差带位于零线上方时，其基本偏差为下极限偏差；当公差带位于零线下方时，其基本偏差为上极限偏差。基本偏差是新国家标准中使公差带位置标准化的唯一指标。

1. 基本偏差的代号及其特点

基本偏差系列如图 2.13 所示。基本偏差的代号用拉丁字母表示，大写字母代表孔，小写字母代表轴。在 26 个字母中，除去易与其他含义混淆的 I、L、O、Q、W(i、l、o、q、w) 5 个字母，采用 21 个字母，再加上 7 个双字母 CD、EF、FG、ZA、ZB、ZC、JS、(或 cd、ef、fg、za、zb、zc、js)，共 28 个代号，即孔和轴各有 28 个基本偏差。基本偏差代号见表 2.6。

表 2.6　基本偏差代号

孔或轴	基本偏差		备　注
孔	下极限偏差	A、B、C、CD、D、E、EF、FG、G、H	H 为基准孔，它的下极限偏差为零
	上极限偏差或下极限偏差	JS＝±IT/2	
	上极限偏差	J、K、M、N、P、R、S、T、U、V、X、Y、Z、ZA、ZB、ZC	
轴	上极限偏差	a、b、c、cd、d、e、ef、fg、g、h	h 为基准孔，它的上极限偏差为零
	上极限偏差或下极限偏差	js＝±IT/2	
	下极限偏差	J、k、m、n、p、r、s、t、u、v、x、y、z、za、zb、zc	

孔或轴	基本偏差		备　注
孔	下偏差	A、B、C、CD、D、E、EF、FG、G、H	H 为基准孔，它的下偏差为零
	上偏差或下偏差	JS＝±IT/2	
	上偏差	J、K、M、N、P、R、S、T、U、V、X、Y、Z、ZA、ZB、ZC	
轴	上偏差	a、b、c、cd、d、e、ef、fg、g、h	h 为基准轴，它的上偏差为零
	上偏差或下偏差	js＝±IT/2	
	下偏差	J、k、m、n、p、r、s、t、u、v、x、y、z、za、zb、zc	

基本偏差系列具有以下特点：

（1）孔的基本偏差中，A～H 的基本偏差为下极限偏差 EI，其绝对值依次逐渐减小；J～ZC 的基本偏差为上极限偏差 ES，其绝对值依次逐渐增大。同样，在轴的基本偏差中，a～h 的基本偏差为上极限偏差 es，j～zc 的基本偏差为下极限偏差 ei。

从图 2.13 可以看出，孔的基本偏差分布与轴的基本偏差成倒影关系。

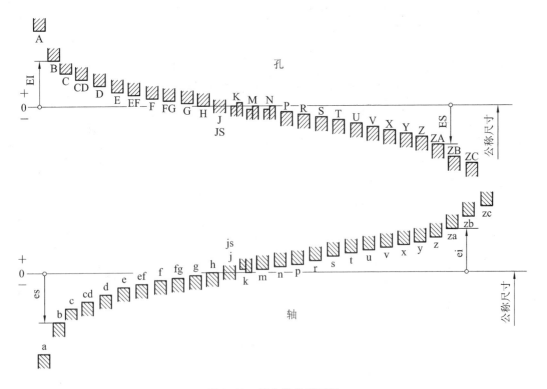

图 2.13　基本偏差系列图

（2）JS 和 js 在各个公差等级中完全对称，因此，其基本偏差可为上极限偏差（＋IT/2），也可为下极限偏差（－IT/2）。

（3）H 和 h 的基本偏差均为零，即 H 的下偏差 EI＝0，h 的上极限偏差 es＝0。H 代表基准孔，h 代表基准轴。

（4）图 2.13 中公差带的（除 j、js 和 J、JS）外一端是封闭的，表示基本偏差，另一端是开口的，它的位置将取决于标准公差等级。

2. 轴的基本偏差数值

公称尺寸小于等于 500 mm 轴的基本偏差数值是以基孔制为基础，根据各种配合要求，经过生产实践和统计分析得到的一系列公式（见表 2.7）计算后圆整得出的，如表 2.8 所示。

表 2.7　孔、轴的基本偏差数值计算公式

公称尺寸/mm 大于	至	轴 基本偏差	符号	极限偏差	公　式	孔 极限偏差	符号	基本偏差	公称尺寸/mm 大于	至
1	120	a	—	es	$265+1.3D$	EI	+	A	1	120
120	500				$3.5D$				120	500
1	160	b		es	$\approx140+0.85D$	EI	+	B	1	160
160	500				$\approx1.8D$				160	500
0	40	c	—	es	$52D^{0.2}$	EI	+	C	0	40
40	500				$95+0.8D$				40	500
0	10	cd	—	es	C、c 和 D、d 值的几何平均值	EI	+	CD	0	10
0	3150	d		es	$16D^{0.44}$	EI	+	D	0	3150
0	3150	e		es	$11D^{0.41}$	EI	+	E	0	3150
0	10	ef	—	es	E、e 和 F、f 值的几何平均值	EI	+	EF	0	10
0	3150	f		es	$5.5D^{0.41}$	EI	+	F	0	3150
0	10	fg	—	es	F、f 和 G、g 值的几何平均值	EI	+	FG	0	10
0	3150	g		es	$2.5D^{0.34}$	EI	+	G	0	3150
0	3150	h	无符号	es	偏差＝0	EI	无符号	H	0	3150
0	500	j			无公式			J	0	500
0	3150	js	+	es	$0.5ITn$	EI	+	JS	0	3150
			—	ei		ES	—			
0	500	k	+	ei	$0.6\sqrt[3]{D}$	ES	—	K	0	500
500	3150		无符号		偏差＝0		无符号		500	3150
0	500	m	+	ei	IT7～IT6	ES	—	M	0	500
500	3150				$0.024D+12.6$				500	3150
0	500	n	+	ei	$5D^{0.34}$	ES	—	N	0	500
500	3150				$0.04D+21$				500	3150
0	500	p	+	ei	IT7＋(0～5)	ES	—	P	0	500
500	3150				$0.072D+37.8$				500	3150
0	3150	r	+	ei	P、p 和 S、s 值的几何平均值	ES	—	R	0	3150
0	50	s	+	ei	IT8＋(1～4)	ES	—	S	0	50
50	3150				IT7＋0.4D				50	3150
24	3150	t	+	ei	IT7＋0.63D	ES	—	T	24	3150
0	3150	u	+	ei	IT7＋D	ES	—	U	0	3150
14	500	v	+	ei	IT7＋1.25D	ES	—	V	14	500
0	500	x	+	ei	IT7＋1.6D	ES	—	X	0	500
18	500	y	+	ei	IT7＋2D	ES	—	Y	18	500
0	500	z	+	ei	IT7＋2.5D	ES	—	Z	0	500
0	500	za	+	ei	IT8＋3.15D	ES	—	ZA	0	500
0	500	zb	+	ei	IT9＋4D	ES	—	ZB	0	500
0	500	zc	+	ei	IT10＋5D	ES	—	ZC	0	500

注：（1）公式中 D 是公称尺寸段的几何平均值（mm）；基本偏差的计算结果以 μm 计。（2）j、J 只在表 2.8 和 2.9 中给出其值。（3）公称尺寸至 500 mm 轴的基本偏差 k 的计算公式仅适用于标准公差等级 IT4～IT7，所有其他公称尺寸和所有其他 IT 等级的基本偏差 k＝0；孔的基本偏差 K 的计算公式仅适用于标准公差等级小于或等于 IT8 的情况，所有其他公称尺寸和所有其他 IT 等级的基本偏差 K＝0。

表 2.8 轴的基本偏差数值($d \leqslant 500$ mm)(GB/T 1800.2-2009)

公称尺寸/mm		基本偏差数值(上极限偏差 es)/ μm											
		所有标准公差等级											
大于	至	a	b	c	cd	d	e	ef	f	fg	g	h	js
—	3	−270	−140	−60	−34	−20	−14	−10	−6	−4	−2	0	偏差等于 ± $\dfrac{\text{IT}n}{2}$,式中 ITn 是 IT 的数值
3	6	−270	−140	−70	−46	−30	−20	−14	−10	−6	−4	0	
6	10	−280	−150	−80	−56	−40	−25	−18	−13	−8	−5	0	
10	14	−290	−150	−95	—	−50	−32	—	−16	—	−6	0	
14	18												
18	24	−300	−160	−110	—	−65	−40	—	−20	—	−7	0	
24	30												
30	40	−310	−170	−120	—	−80	−50	—	−25	—	−9	0	
40	50	−320	−180	−130									
50	65	−340	−190	−140	—	−100	−60	—	−30	—	−10	0	
65	80	−360	−200	−150									
80	100	−380	−220	−170	—	−120	−72	—	−36	—	−12	0	
100	120	−410	−240	−180									
120	140	−460	−260	−200	—	−145	−85	—	−43	—	−14	0	
140	160	−520	−280	−210									
160	180	−580	−310	−230									
180	200	−660	−340	−240	—	−170	−100	—	−50	—	−15	0	
200	225	−740	−380	−260									
225	250	−820	−420	−280									
250	280	−920	−480	−300	—	−190	−110	—	−56	—	−17	0	
280	315	−1050	−540	−330									
315	355	−1200	−600	−360	—	−210	−125	—	−62	—	−18	0	
355	400	−1350	−680	−400									
400	450	−1500	−760	−440	—	−230	−135	—	−68	—	−20	0	
450	500	−1650	−840	−480									

续表

公称尺寸/mm		基本偏差数值(下极限偏差 ei)/μm																		
		IT5和IT6	IT7	IT8	IT4~IT7	≤IT3 >IT7	所有标准公差等级													
大于	至	j			k		m	n	p	r	s	t	u	v	x	y	z	za	zb	zc
—	3	−2	−4	−6	0	0	+2	+4	+6	+10	+14	—	+18		+20	—	+26	+32	+40	+60
3	6	−2	−4		+1	0	+4	+8	+12	+15	+19	—	+23		+28	—	+35	+42	+50	+80
6	10	−2	−5		+1	0	+6	+10	+15	+19	+23	—	+28		+34	—	+42	+52	+67	+97
10	14	−3	−6		+1	0	+7	+12	+18	+23	+28	—	+33		+40	—	+50	+64	+90	+130
14	18													+39	+45	—	+60	+77	+108	+150
18	24	−4	−8		+2	0	+8	+15	+22	+28	+35	—	+41	+47	+54	+63	+73	+98	+136	+188
24	30											+41	+48	+55	+64	+75	+88	+118	+160	+218
30	40	−5	−10		+2	0	+9	+17	+26	+34	+43	+48	+60	+68	+80	+94	+112	+148	+200	+274
40	50											+54	+70	+81	+97	+114	+136	+180	+242	+325
50	65	−7	−12		+2	0	+11	+20	+32	+41	+53	+66	+87	+102	+122	+144	+172	+226	+300	+405
65	80									+43	+59	+75	+102	+120	+146	+174	+210	+274	+360	+480
80	100	−9	−15		+3	0	+13	+23	+37	+51	+71	+91	+124	+146	+178	+214	+258	+335	+445	+585
100	120									+54	+79	+104	+144	+172	+210	+254	+310	+400	+525	+690
120	140	−11	−18		+3	0	+15	+27	+43	+63	+92	+122	+170	+202	+248	+300	+365	+470	+620	+800
140	160									+65	+100	+134	+190	+228	+280	+340	+415	+535	+700	+900
160	180									+68	+108	+146	+210	+252	+310	+380	+465	+600	+780	+1000
180	200	−13	−21		+4	0	+17	+31	+50	+77	+122	+166	+236	+284	+350	+425	+520	+670	+880	+1150
200	225									+80	+130	+180	+258	+310	+385	+470	+575	+740	+960	+1250
225	250									+84	+140	+196	+284	+340	+425	+520	+640	+820	+1050	+1350
250	280	−16	−26		+4	0	+20	+34	+56	+94	+158	+218	+315	+385	+475	+580	+710	+920	+1200	+1550
280	315									+98	+170	+240	+350	+425	+525	+650	+790	+1000	+1300	+1700
315	355	−18	−28		+4	0	+21	+37	+62	+108	+190	+268	+390	+475	+590	+730	+900	+1150	+1500	+1900
355	400									+114	+208	+294	+435	+530	+660	+820	+1000	+1300	+1650	+2100
400	450	−20	−32		+5	0	+23	+40	+68	+126	+232	+330	+490	+595	+740	+920	+1100	+1450	+1850	+2400
450	500									+132	+252	+360	+540	+660	+820	+1000	+1250	+1600	+2100	+2600

注：公称尺寸小于或等于 1 mm 时，基本偏差 a 和 b 均不采用。对于公差带 js7～js11，若 ITn 值是奇数，则取偏差为 $\pm\dfrac{ITn-1}{2}$。

在基孔制配合中，基本偏差代号 a～h 用于间隙配合，其基本偏差为上极限偏差 es，其绝对值正好等于最小间隙的数值。其中 a、b、c 主要用于大间隙或热动配合，考虑到热膨胀的影响，最小间隙采用与直径成正比的关系计算。d、e、f 主要用于一般润滑条件下的旋转运动，为了保证良好的液体润滑，最小间隙与直径成平方根关系，但考虑到表面粗糙度的影响，间隙应适当减小，所以，计算式中直径的指数略小于 0.5。g 主要用于滑动、定心或半液体摩擦的场合，间隙要小，所以直径的指数有所减小。h 的基本偏差为零，它是最紧的间隙配合。至于 cd、ef 和 fg 的数值，则分别取 c 与 d、e 与 f、f 与 g 的基本偏差的几何平均值，适用于小尺寸的旋转运动件。

j～n 主要用于过渡配合，所得间隙和过盈均不很大，以保证孔和轴配合时能够对中和定心，拆卸也不困难，其基本偏差为下极限偏差 ei，数值基本上是根据经验与统计的方法确定的。

p～zc 等 12 种基本偏差与基准孔 H 形成过盈配合，其基本偏差为下极限偏差 ei，数值大小按与一定等级的孔相配合所要求的最小过盈而定。最小过盈系数的系列符合优先数系，规律性较好，便于应用。

在实际工作中，轴的基本偏差数值不必用公式计算，直接可查表 2.7。

3. 孔的基本偏差数值

公称尺寸小于等于 500 mm 孔的基本偏差数值是按照经验公式计算所得的，如表 2.9 所列。一般同一字母的孔的基本偏差与轴的基本偏差相对于零线是完全对称的，孔的基本偏差是根据同一字母代号轴的基本偏差，按一定的规则换算得来的。换算原则如下：

(1) 基准件与非基准件基本偏差代号不变。同名代号的孔、轴基本偏差(如 A 与 a、M 与 m)配合的性质相同，即两种配合的极限间隙或过盈相同。

(2) 在实际生产中，考虑到孔比轴难加工，故在孔、轴的标准公差等级较高时，孔通常与高一级的轴相配(如 H7/p6 与 P7/h6)；当孔、轴的标准公差等级不高时，则孔与轴采用同级配合(如 H9/f9 与 F9/h9)。

根据上述换算原则，孔的基本偏差可按以下两种规则换算：

(1) 通用规则：所有公差等级的基本偏差为 A～H，孔的基本偏差与轴的基本偏差相对零线是完全对称的，绝对值相等，符号相反，即 EI = − es；对于标准公差等级低于 IT8 的 K、M、N 和标准公差等级低于 IT7 的 P～ZC，ES = − ei。但其中也有例外，对于标准公差等级低于 IT8、基本尺寸大于 3 mm 的 N 孔，其基本偏差 ES=0。

(2) 特殊规则：对于标准公差等级高于或等于 IT8 的 K、M、N 和标准公差等级高于或等于 IT7 的 P～ZC，孔的基本偏差和轴的基本偏差符号相反，而绝对值相差一个 Δ 值，即

$$ES = - ei + \Delta \qquad (2-21)$$

式中，$\Delta = ITn - IT\,n-1$，ITn 为孔的标准公差；$IT\,n-1$ 为比孔高一级的轴的标准公差。

按照两个规则换算的孔的基本偏差数值见表 2.9。

表 2.9　孔的基本偏差数值（$d \leqslant 500$ mm）（GB/T 1800.2—2009）

公称尺寸/mm		基本偏差数值																					
		下极限偏差 EI/μm（所有标准公差等级）											JS	上极限偏差 ES/μm									
														IT6	IT7	IT8	≤IT8	>IT8	≤IT8	>IT8	≤IT8	>IT8	≤IT7
大于	至	A	B	C	CD	D	E	EF	F	FG	G	H	JS	J	J	J	K	K	M	M	N	N	P~ZC
—	3	+270	+140	+60	+34	+20	+14	+10	+6	+4	+2	0	偏差等于 $\pm\dfrac{\mathrm{IT}n}{2}$，式中 $\mathrm{IT}n$ 是 IT 的数值	+2	+4	+6	0	0	−2	−2	−4	−4	−4
3	6	+270	+140	+70	+46	+30	+20	+14	+10	+6	+4	0		+5	+6	+10	−1+Δ	—	−4+Δ	−4	−8+Δ	0	在大于 IT7 的相应数值上增加一个 Δ 值
6	10	+280	+150	+80	+56	+40	+25	+18	+13	+8	+5	0		+5	+8	+12	−1+Δ	—	−6+Δ	−6	−10+Δ	0	
10	14	+290	+150	+95	—	+50	+32	—	+16	—	+6	0		+6	+10	+15	−1+Δ	—	−7+Δ	−7	−12+Δ	0	
14	18	+290	+150	+95	—	+50	+32	—	+16	—	+6	0		+6	+10	+15	−1+Δ	—	−7+Δ	−7	−12+Δ	0	
18	24	+300	+160	+110	—	+65	+40	—	+20	—	+7	0		+8	+12	+20	−2+Δ	—	−8+Δ	−8	−15+Δ	0	
24	30	+300	+160	+110	—	+65	+40	—	+20	—	+7	0		+8	+12	+20	−2+Δ	—	−8+Δ	−8	−15+Δ	0	
30	40	+310	+170	+120	—	+80	+50	—	+25	—	+9	0		+10	+14	+24	−2+Δ	—	−9+Δ	−9	−17+Δ	0	
40	50	+320	+180	+130	—	+80	+50	—	+25	—	+9	0		+10	+14	+24	−2+Δ	—	−9+Δ	−9	−17+Δ	0	
50	65	+340	+190	+140	—	+100	+60	—	+30	—	+10	0		+13	+18	+28	−2+Δ	—	−11+Δ	−11	−20+Δ	0	
65	80	+360	+200	+150	—	+100	+60	—	+30	—	+10	0		+13	+18	+28	−2+Δ	—	−11+Δ	−11	−20+Δ	0	
80	100	+380	+220	+170	—	+120	+72	—	+36	—	+12	0		+16	+22	+34	−3+Δ	—	−13+Δ	−13	−23+Δ	0	
100	120	+410	+240	+180	—	+120	+72	—	+36	—	+12	0		+16	+22	+34	−3+Δ	—	−13+Δ	−13	−23+Δ	0	
120	140	+460	+260	+200	—	+145	+85	—	+43	—	+14	0		+18	+26	+41	−3+Δ	—	−15+Δ	−15	−27+Δ	0	
140	160	+520	+280	+210	—	+145	+85	—	+43	—	+14	0		+18	+26	+41	−3+Δ	—	−15+Δ	−15	−27+Δ	0	
160	180	+580	+310	+230	—	+145	+85	—	+43	—	+14	0		+18	+26	+41	−3+Δ	—	−15+Δ	−15	−27+Δ	0	
180	200	+660	+340	+240	—	+170	+100	—	+50	—	+15	0		+22	+30	+47	−4+Δ	—	−17+Δ	−17	−31+Δ	0	
200	225	+740	+380	+260	—	+170	+100	—	+50	—	+15	0		+22	+30	+47	−4+Δ	—	−17+Δ	−17	−31+Δ	0	
225	250	+820	+420	+280	—	+170	+100	—	+50	—	+15	0		+22	+30	+47	−4+Δ	—	−17+Δ	−17	−31+Δ	0	
250	280	+920	+480	+300	—	+190	+110	—	+56	—	+17	0		+25	+36	+55	−4+Δ	—	−20+Δ	−20	−34+Δ	0	
280	315	+1050	+540	+330	—	+190	+110	—	+56	—	+17	0		+25	+36	+55	−4+Δ	—	−20+Δ	−20	−34+Δ	0	
315	355	+1200	+600	+360	—	+210	+125	—	+62	—	+18	0		+29	+39	+60	−4+Δ	—	−21+Δ	−21	−37+Δ	0	
355	400	+1350	+680	+400	—	+210	+125	—	+62	—	+18	0		+29	+39	+60	−4+Δ	—	−21+Δ	−21	−37+Δ	0	
400	450	+1500	+760	+440	—	+230	+135	—	+68	—	+20	0		+33	+43	+66	−5+Δ	—	−23+Δ	−23	−40+Δ	0	
450	500	+1650	+840	+480	—	+230	+135	—	+68	—	+20	0		+33	+43	+66	−5+Δ	—	−23+Δ	−23	−40+Δ	0	

续表

公称尺寸/mm		基本偏差数值/μm												Δ 值					
		上极限偏差 ES																	
		标准公差等级大于 IT7												标准公差等级					
大于	至	P	R	S	T	U	V	X	Y	Z	ZA	ZB	ZC	IT3	IT4	IT5	IT6	IT7	IT8
—	3	−6	−10	−14	—	−18	—	−20	—	−26	−32	−40	−60	0	0	0	0	0	0
3	6	−12	−15	−19	—	−23	—	−28	—	−35	−42	−50	−80	1	1.5	1	3	4	6
6	10	−15	−19	−23	—	−28	—	−34	—	−42	−52	−67	−97	1	1.5	2	3	6	7
10	14	−18	−23	−28	—	−33	—	−40	—	−50	−64	−90	−130	1	2	3	3	7	9
14	18	−18	−23	−28	—	−33	−39	−45	—	−60	−77	−108	−150	1	2	3	3	7	9
18	24	−22	−28	−35	—	−41	−47	−54	−63	−73	−98	−136	−188	1.5	2	3	4	8	12
24	30	−22	−28	−35	−41	−48	−55	−64	−75	−88	−118	−160	−218	1.5	2	3	4	8	12
30	40	−26	−34	−43	−48	−60	−68	−80	−94	−112	−148	−200	−274	1.5	3	4	5	9	14
40	50	−26	−34	−43	−54	−70	−81	−97	−114	−136	−180	−242	−325	1.5	3	4	5	9	14
50	65	−32	−41	−53	−66	−87	−102	−122	−144	−172	−226	−300	−405	2	3	5	6	11	16
65	80	−32	−43	−59	−75	−102	−120	−146	−174	−210	−274	−360	−480	2	3	5	6	11	16
80	100	−37	−51	−71	−91	−124	−146	−178	−214	−258	−335	−445	−585	2	4	5	7	13	19
100	120	−37	−54	−79	−104	−144	−172	−210	−254	−310	−400	−525	−690	2	4	5	7	13	19
120	140	−43	−63	−92	−122	−170	−202	−248	−300	−365	−470	−620	−800	3	4	6	7	15	23
140	160	−43	−65	−100	−134	−190	−228	−280	−340	−415	−535	−700	−900	3	4	6	7	15	23
160	180	−43	−68	−108	−146	−210	−252	−310	−380	−465	−600	−780	−1000	3	4	6	7	15	23
180	200	−50	−77	−122	−166	−236	−284	−350	−425	−520	−670	−880	−1150	3	4	6	9	17	26
200	225	−50	−80	−130	−180	−258	−310	−385	−470	−575	−740	−960	−1250	3	4	6	9	17	26
225	250	−50	−84	−140	−196	−284	−340	−425	−520	−640	−820	−1050	−1350	3	4	6	9	17	26
250	280	−56	−94	−158	−218	−315	−385	−475	−580	−710	−920	−1200	−1550	4	4	7	9	20	29
280	315	−56	−98	−170	−240	−350	−425	−525	−650	−790	−1000	−1300	−1700	4	4	7	9	20	29
315	355	−62	−108	−190	−268	−390	−475	−590	−730	−900	−1150	−1500	−1900	4	5	7	11	21	32
355	400	−62	−114	−208	−294	−435	−530	−660	−820	−1000	−1300	−1650	−2100	4	5	7	11	21	32
400	450	−68	−126	−232	−330	−490	−595	−740	−920	−1100	−1450	−1850	−2400	5	5	7	13	23	34
450	500	−68	−132	−252	−360	−540	−660	−820	−1000	−1250	−1600	−2100	−2600	5	5	7	13	23	34

注:(1) 公称尺寸小于或等于 1 mm 时,基本偏差 A 和 B 及大于 IT8 的 N 均不采用。在公差带 JS7～JS11,若 ITn 的值是奇数,则取偏差为 $\pm\dfrac{ITn-1}{2}$。

(2) 对小于或等于 IT8 的 K、M、N 和小于或等于 IT7 的 P～ZC,所需 Δ 值从表内右侧选取。例如:18～30 mm 段的 K7,Δ = 8 μm,所以 ES = −2 + 8 = +6 μm;18～30 mm 段的 S6,Δ = 4 μm,所以 ES = −35 + 4 = −31 μm。特殊情况:250～315 mm 段的 M6,ES = −9 μm(代替 −11 μm)。

【例 2.4】 试用查表法确定 $\phi35H7/r6$ 和 $\phi35R7/h6$ 的孔和轴的极限偏差，计算极限过盈并画出尺寸公差带图。

解 查表 2.1 得：IT7＝25 μm IT6＝16 μm。

由表 2.7 查得 r 的基本偏差：ei＝＋34 μm，则有

$\phi35r6$：ei＝＋34 μm，es＝ei＋IT6＝＋34＋16＝＋50 μm

$\phi35H7$：ES＝＋25 μm，EI＝0

由表 2.8 查得 R 的基本偏差：ES＝－34＋9＝－25 μm，则有

$\phi35R7$：ES＝－34＋9＝－25 μm，EI＝ES－IT7＝－25－25＝－50 μm

$\phi35h6$：es＝0，ei＝－16 μm

下面计算极限过盈，可得

$\phi35H7/r6$：

$$Y_{max}＝EI－es＝0－(＋50)＝－50 \ \mu m$$
$$Y_{min}＝ES－ei＝(＋25)－(＋34)＝－9 \ \mu m$$

$\phi35R7/h6$：

$$Y_{max}＝EI－es＝(－50)－0＝－50 \ \mu m$$
$$Y_{min}＝ES－ei＝(－25)－(－16)＝－9 \mu m$$

过盈配合的公差带图如图 2.14 所示。

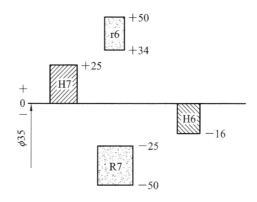

图 2.14　过盈配合的公差带图

2.4　公差带和配合的表示方法及其图样标注

2.4.1　公差带和配合的表示法

1. 公差带的表示法

公差带用基本偏差的字母和公差的等级数字表示。例如，H7 为孔公差带，h7 为轴公差带。

2. 注公差尺寸的表示法

注公差的尺寸用公称尺寸后跟所要求的公差带或（和）对应的偏差值表示。例如，$\phi32H7$、$\phi80js15$、$\phi30g6\binom{-0.007}{-0.020}$、$\phi100^{+0.025}_{+0.003}$。

3. 配合的表示法

配合用相同的公称尺寸后跟孔、轴公差带表示。孔、轴公差带写成分数形式，分子为孔公差带，分母为轴公差带。例如，$\phi 52\text{H7/g6}$、$\phi 52\dfrac{\text{H7}}{\text{g6}}$。

2.4.2 公差带和极限偏差在零件图中的标注

零件图上一般有 3 种标注方法：

(1) 在公称尺寸后标注所要求的公差带。公差带代号应注写在公称尺寸的右边，如图 2.15(a)所示。

(2) 在公称尺寸后标注所要求的公差带对应的偏差值。上极限偏差应标注在公称尺寸的右上方，下极限偏差应标注在上极限偏差的正下方，并与公称尺寸在同一底线上，上极限偏差和下极限偏差的数字高度应小于公称尺寸数字高度，且小数点对齐，小数点后的尾数相同。某一偏差为零时，数字"0"不能省略，必须标出，并与另一偏差的整数个位对齐书写，如图 2.15(b)所示。当上、下极限偏差绝对值相同符号相反时，偏差只需注写一次，并在偏差与基本尺寸之间注出符号"±"，其高度应和公称尺寸数字高度相同，见图 2.15(d)。

(3) 在公称尺寸后标注所要求的公差带和相对应的偏差值。当同时标注公差带代号和相对应的极限偏差时，极限偏差标注在公差带代号后面并加上圆括号，见图 2.15(c)。

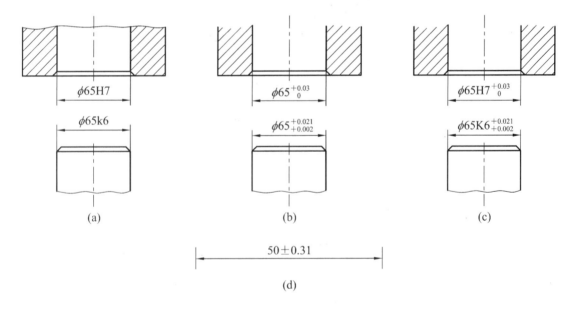

图 2.15 零件图上公差带与配合的标注

2.4.3 配合在装配图中的标注

(1) 在装配图中标注线性尺寸的配合代号时，必须用分数形式标出，基本尺寸后标注孔、轴公差带，分子为孔的公差带，分母为轴的公差带，如图 2.16(a)所示。必要时允许按

图 2.16(b)、(c)的形式标注。

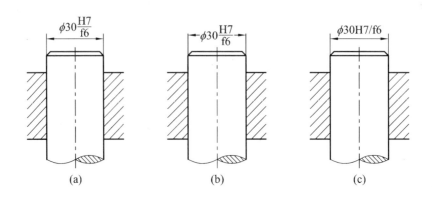

图 2.16 装配图中公差带与配合的标注

（2）标注标准件、外购件与零件(孔或轴)的配合代号时，可以仅标注相配零件的公差带代号，如图 2.17 所示。

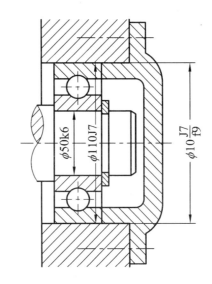

图 2.17 装配图中公差带与配合的标注

2.5 一般、常用和优先的公差带与配合

2.5.1 一般、常用和优先的公差带

（1）公称尺寸至 500 mm 的孔的公差带如图 2.18 所示，相应的极限偏差见表 2.9。选择时，应优先选用圆圈中的公差带(优先用公差带有 13 种)，其次选用方框中的公差带(常用公差带有 31 种)，最后选用其他的公差带(一般公差带有 61 种)。GB/T 1801—2009 规定的孔公差带有 105 种。

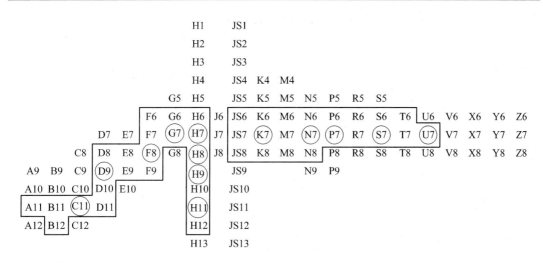

图 2.18　一般、常用和优先孔公差带（GB/T 1801—2009）

（2）公称尺寸至 500 mm 的轴的公差带如图 2.19 所示，相应的极限偏差见表 2.8。选择时，应优先选用圆圈中的公差带（优先用公差带有 13 种），其次选用方框中的公差带（常用公差带有 46 种），最后选用其他的公差带（一般公差带有 57 种）。GB/T 1801—2009 规定的轴公差带有 116 种。

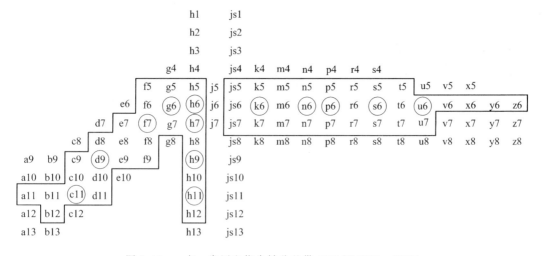

图 2.19　一般、常用和优先轴公差带（GB/T 1801—2009）

2.5.2　常用和优先配合

　　任意一对孔、轴公差带都可以构成配合，为了简化公差配合的种类，减少定值刀、量具和工艺装备的品种及规格，国家标准在尺寸小于等于 500 mm 的范围内，规定了基孔制和基轴制的优先（基孔制、基轴制各有 13 种）和常用配合（基孔制有 59 种，基轴制有 47 种）。

　　必须注意，在表 2.10 中，当轴的标准公差小于或等于 IT7 级时，是与低一级的孔相配合的；大于或等于 IT8 级时，与同级基准孔相配。在表 2.11 中，当孔的标准公差小于 IT8 或小数等于 IT8 级时，是与高一级的轴相配合的，其余是孔轴同级配合。

表 2.10 基孔制常用和优先配合（GB/T 1801—2009）

基准孔	轴																				
	a	b	c	d	e	f	g	h	js	k	m	n	p	r	s	t	u	v	x	y	z
	间隙配合								过渡配合				过盈配合								
H6						$\frac{H6}{f5}$	$\frac{H6}{g5}$	$\frac{H6}{h5}$	$\frac{H6}{js5}$	$\frac{H6}{k5}$	$\frac{H6}{m5}$	$\frac{H6}{n5}$	$\frac{H6}{p5}$	$\frac{H6}{r5}$	$\frac{H6}{s5}$	$\frac{H6}{t5}$					
H7						$\frac{H7}{f6}$	$\frac{H7}{g6}$	$\frac{H7}{h6}$	$\frac{H7}{js6}$	$\frac{H7}{k6}$	$\frac{H7}{m6}$	$\frac{H7}{n6}$	$\frac{H7}{p6}$	$\frac{H7}{r6}$	$\frac{H7}{s6}$	$\frac{H7}{t6}$	$\frac{H7}{u6}$	$\frac{H7}{v6}$	$\frac{H7}{x6}$	$\frac{H7}{y6}$	$\frac{H7}{z6}$
H8					$\frac{H8}{e7}$	$\frac{H8}{f7}$	$\frac{H8}{g7}$	$\frac{H8}{h7}$	$\frac{H8}{js7}$	$\frac{H8}{k7}$	$\frac{H8}{m7}$	$\frac{H8}{n7}$	$\frac{H8}{p7}$	$\frac{H8}{r7}$	$\frac{H8}{s7}$	$\frac{H8}{t7}$	$\frac{H8}{u7}$				
H8				$\frac{H8}{d8}$	$\frac{H8}{e8}$	$\frac{H8}{f8}$		$\frac{H8}{h8}$													
H9			$\frac{H9}{c9}$	$\frac{H9}{d9}$	$\frac{H9}{e9}$	$\frac{H9}{f9}$		$\frac{H9}{h9}$													
H10			$\frac{H10}{c10}$	$\frac{H10}{d10}$				$\frac{H10}{h10}$													
h11	$\frac{H11}{a11}$	$\frac{H11}{b11}$	$\frac{H11}{c11}$	$\frac{H11}{d11}$				$\frac{H11}{h11}$													
H12		$\frac{H12}{b12}$						$\frac{H12}{h12}$													

注：(1) $\frac{H6}{n5}$、$\frac{H7}{p6}$ 在基本尺寸小于等于 3 mm 和 $\frac{H8}{r7}$ 在基本尺寸小于等于 100 mm 时，为过渡配合；

(2) 标注▰的配合为优先配合。

表 2.11 基轴制常用和优先配合（GB/T 1801—2009）

基准轴	孔																				
	A	B	C	D	E	F	G	H	JS	K	M	N	P	R	S	T	U	V	X	Y	Z
	间隙配合								过渡配合				过盈配合								
h5						$\frac{F6}{h5}$	$\frac{G6}{h5}$	$\frac{H6}{h5}$	$\frac{JS6}{h5}$	$\frac{K6}{h5}$	$\frac{M6}{h5}$	$\frac{N6}{h5}$	$\frac{P6}{h5}$	$\frac{R6}{h5}$	$\frac{S6}{h5}$	$\frac{T6}{h5}$					
h6						$\frac{F7}{h6}$	$\frac{G7}{h6}$	$\frac{H7}{h6}$	$\frac{JS7}{h6}$	$\frac{K7}{h6}$	$\frac{M7}{h6}$	$\frac{N7}{h6}$	$\frac{P7}{h6}$	$\frac{R7}{h6}$	$\frac{S7}{h6}$	$\frac{T7}{h6}$	$\frac{U7}{h6}$				
h7					$\frac{E8}{h7}$	$\frac{F8}{h7}$		$\frac{H8}{h7}$	$\frac{JS8}{h7}$	$\frac{K8}{h7}$	$\frac{M8}{h7}$	$\frac{N8}{h7}$									
h8				$\frac{D8}{h8}$	$\frac{E8}{h8}$	$\frac{F8}{h8}$		$\frac{H8}{h8}$													
h9				$\frac{D9}{h9}$	$\frac{E9}{h9}$	$\frac{F9}{h9}$		$\frac{H9}{h9}$													
h10				$\frac{D10}{h10}$				$\frac{H10}{h10}$													
h11	$\frac{A11}{h11}$	$\frac{B11}{h11}$	$\frac{C11}{h11}$	$\frac{D11}{h11}$				$\frac{H11}{h11}$													
h12		$\frac{B12}{h12}$						$\frac{H12}{h12}$													

注：带▰的配合为优先配合。

2.6　线性尺寸的一般公差

2.6.1　一般公差的概念

一般公差是指在车间普通加工工艺条件下，加工设备可以保证的公差，是机床设备在正常维护和操作情况下可以达到的加工精度。一般公差等级的公差数值符合通常的车间精度，主要用于较低精度的非配合尺寸。例如，零件图中未注公差的尺寸通常按一般公差来处理。

采用一般公差的尺寸，在车间正常生产能保证的条件下，一般可不检验，而主要由工艺设备和加工者自行控制。应用一般公差可简化制图，节省图样设计时间，明确可由一般工艺水平保证的尺寸，突出图样上标注出公差的尺寸。

2.6.2　线性尺寸的一般公差

国家标准 GB/T 1804—2000《一般公差　未注公差的线性和角度尺寸的公差》规定了线性尺寸的一般公差等级和极限偏差数值，如表 2.12 所列。由表可见，线性尺寸的一般公差分为 4 个等级：f(精密级)、m(中等级)、c(粗糙级)和 v(最粗级)，在基本尺寸 0.5～4000 mm 范围内分为 8 个尺寸段。各公差等级和尺寸分段内的极限偏差数值为对称分布，即上下偏差大小相等、符号相反。

表 2.12　线性尺寸的一般公差等级和极限偏差数值

公差等级	尺 寸 分 段							
	0.5～3	>3～6	>6～30	>30～120	>120～400	>400～900	>900～2000	>2000～4000
f(精密级)	±0.05	±0.05	±0.1	±0.15	±0.2	±0.3	±0.5	—
m(中等级)	±0.1	±0.1	±0.2	±0.3	±0.5	±0.8	±1.2	±2
c(粗糙级)	±0.2	±0.3	±0.5	±0.8	±1.2	±2	±3	±4
v(最粗级)	—	±0.5	±1	±1.5	±2.5	±4	±6	±8

线性尺寸的未注公差，应该根据产品的精度要求和车间的加工条件，从表 2.9 规定的公差等级中选取，并在图样、技术文件或标准中，用本标准号和公差等级符号表示。例如，某零件上线性尺寸未注公差选用"中等级"时，应在零件图的技术要求中作如下说明："线性尺寸的未注公差为 GB/T 1804—m"。

2.7　极限与配合的选用

极限与配合的选择是机械设计和制造中的重要环节，对提高产品性能和质量、降低成本起着重大作用。公差与配合的选择就是选择基准制、公差等级、配合种类，实际中三者有机联系，选择原则为在满足使用要求的前提下能获得最佳经济效益。

极限与配合的选择方法有类比法、计算法和试验法三种。计算法具有良好的理论性、科学性和较高的可靠性；试验法选择配合可靠性很高，但成本也高；类比法是对根据调查研究的生产经验和技术资料进行分析对比,然后进行极限与配合的选择,这种方法是目前生产中比较常见的极限与配合的选择方法。

2.7.1　配合基准制的选择

基孔制和基轴制是两种平行的配合制,基孔制配合能满足要求的,用同一偏差代号按基轴制形成的配合,也能满足使用要求。例如,H7/k6 与 K7/h6 的配合性质基本相同,称为同名配合。所以,配合制的选择与功能要求无关,主要考虑加工的经济性和结构的合理性。

1. 基孔制的作用

选用基孔制便于减少孔用刀具和量具的数目。对应用最广泛的中小直径尺寸的孔,通常采用定尺寸刀具(如钻头、铰刀、拉刀等)加工和定尺寸量具(如塞规、心轴等)检验。而一种规格的定尺寸刀具和量具,只能满足一种孔公差带的需要,同一基本尺寸的孔若改变极限尺寸,则必须改变定值刀具和量具,而轴的加工中不存在这类问题,因此,采用基孔制可大大减少定制刀具、量具,利于降低生产成本。

2. 选用基轴制的情况

(1)冷拔钢材是按基准轴的公差带制造的,其公差等级为 IT8～IT11,冷拔钢材可直接作轴而不用进行机械加工。采用基轴制,可选择不同的孔公差带位置来实现各种配合。这种情况主要应用在农业机械和纺织机械中。

(2)加工尺寸小于 1 mm 的精密轴比同级孔要困难,因此在仪器制造、钟表生产、无线电工程中,常使用经过光轧成型的钢丝直接做轴,这时采用基轴制较经济。

(3)根据结构上的需要,在同一基本尺寸的轴上装配有不同配合要求的几个孔件时应采用基轴制。例如,发动机的活塞杆与连杆铜套孔和活塞孔之间的配合,如图 2.20(a)所示。根据工作需要及装配性,活塞销轴与活塞孔采用过渡配合,而与连杆铜套孔采用间隙配合。若采用基孔制配合,如图 2.20(b)所示,则将销轴做成阶梯状;而采用基轴制配合时,如图 2.20(c)所示,销轴可做光轴。这种选择既有利于轴的加工,又便于装配。

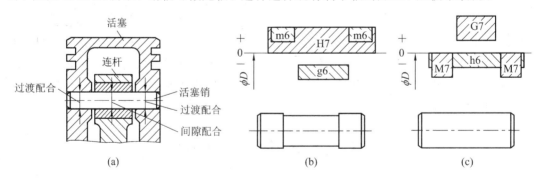

图 2.20　基轴制配合选择示例

(4)与标准件配合时必须按标准件选择基准制。如平键、半圆键等键连接,由于键是标准件,键与键槽的配合应采用基轴制;滚动轴承外圈与箱体孔的配合应采用基轴制,滚动轴承内圈与轴的配合应采用基孔制。如图 2.17 所示,选择箱体孔的公差带为 J7,选择轴颈的公差带为 k6。

3．非基准制配合的采用

在实际生产中，由于结构或某些特殊的需要，允许采用非配合制配合，即非基准孔和非基准轴配合。例如，当机构中出现一个非基准孔（轴）和两个以上的轴（孔）配合时，其中肯定会有一个非配合制配合。如图 2.17 所示，箱体孔与滚动轴承和轴承端盖的配合，由于滚动轴承是标准件，它与箱体孔的配合选用基轴制配合，箱体孔的公差带代号为 J7，箱体孔与端盖的配合可选低精度的间隙配合 J7/f9，既便于拆卸又能保证轴承的轴向定位，还有利于降低成本。

2.7.2 公差等级的选择

公差等级的选择实质上就是尺寸制造精度的确定，以解决零部件使用要求与制造工艺及成本之间的矛盾。由于尺寸的精度与加工的难易程度有关，加工的成本和零件的工作质量有关，因此公差等级越高，合格尺寸的大小越趋于一致，配合精度就越高，但加工的成本也越高。选择公差等级的基本原则是在满足使用要求的前提下，尽可能选择较低的公差等级。

公差等级的选择方法通常采用类比法，参照类似的机构、工作条件和使用要求的经验资料进行对比选用。选择时应考虑以下几方面：

（1）应满足工艺等价原则。相配合的孔、轴加工难易程度应相同，对于公称尺寸小于等于 500 mm 有且较高公差等级的配合，因孔比同级轴难加工，所以当标准公差小于等于 IT8 时，国标推荐孔比轴低一级相配合，使孔、轴的加工难易程度相同。但对标准公差大于 IT8 级或公称尺寸大于 500 mm 的配合，因孔的测量精度比轴容易保证，故推荐采用孔、轴同级配合。

（2）公差等级的应用范围如表 2.13 所示，配合尺寸公差等级的应用如表 2.14 所示。

表 2.13 公差等级的应用范围

应 用	公差等级（IT）																		
	01	0	1	2	3	4	5	6	7	8	9	10	11	12	13	14	15	16	17	18
量块	—	—																		
量规			—																	
特精件配合																				
一般配合																				
原材料公差																				
未注公差尺寸														—						

表 2.14 配合尺寸公差等级的应用

公差等级	重要处		常用处		次要处	
	孔	轴	孔	轴	孔	轴
精密机械	IT4	IT4	IT5	IT5	IT7	IT6
一般机械	IT5	IT5	IT7	IT6	IT8	IT9
较粗机械	IT7	IT6	IT8	IT9	IT10～IT12	

（3）各种加工方法能够达到的公差等级如表 2.15 所示，可供选择时参考。

（4）相配零件或部件精度要匹配。如与滚动轴承相配合的轴和孔的公差等级与轴承的精度有关；再如与齿轮相配合的轴，其配合部位的公差等级直接受齿轮精度的影响。

（5）过盈、过渡配合的公差等级不能太低，一般孔的标准公差小于等于IT8，轴的标准公差小于等于IT7，间隙配合则不受此限制。间隙小的配合，公差等级应较高；而间隙大的配合，公差等级则可以低些。例如，选用 H6/g5 和 H11/a11 是可以的，而选用 H11/g11 和 H6/a5 则不合适。

（6）在非基准制配合中，有的零件精度要求不高，可与相配合零件的公差等级差 2～3 级，如图 2.17 箱体孔与轴承端盖的配合。

表 2.15　加工方法能够达到的公差等级

加工方法	公差等级（IT）																		
	01	0	1	2	3	4	5	6	7	8	9	10	11	12	13	14	15	16	17	18
研磨	■	■		■	■	■	■													
珩磨						■	■	■	■											
圆磨							■	■	■	■										
平磨							■	■	■	■										
金刚石车							■	■	■											
金刚石镗							■	■	■											
拉削							■	■	■	■										
铰孔								■	■	■	■	■								
精车精镗									■	■	■									
粗车												■	■	■						
粗镗												■	■	■						
铣										■	■	■	■							
刨、插												■	■	■						
钻削												■	■	■	■					
冲压												■	■	■	■	■				
滚压、挤压												■	■							
锻造																	■	■		
砂型铸造																■	■	■		
金属型铸造																■	■	■		
气割																	■	■	■	

2.7.3　配合性质的选择

基准制和公差等级的选择，确定了基准孔或基准轴的公差带及相对应的非基准轴或非基准孔的公差带的大小，因此，配合的选择就是确定非基准轴或非基准孔的公差带位置，实际上就是选择非基准轴或非基准孔的基本偏差代号。

选择配合包括类别的选择和非基准件基本偏差代号的确定，设计时可用类比法，应尽可能地选用优先配合，其次是常用配合。如果优先和常用配合不能满足要求，可选标准推荐的一般用途的孔、轴公差带，按使用要求组成需要的配合。

1. 根据使用要求确定配合的类别

配合的选择首先要确定配合的类别，应尽量选用优先配合，如表 2.16 所示。选择时，应根据具体的使用要求确定是间隙配合还是过渡或过盈配合。例如，孔、轴有相对运动（转动或移动）要求，必须选择间隙配合；孔、轴间无相对运动要求，应根据具体工作条件的不同确定过盈、过渡甚至间隙配合。表 2.17 给出了配合类别选择的大体方向。

表 2.16　优先配合选用说明

优先配合		说　　明
基孔制	基轴制	
$\dfrac{H11}{c11}$	$\dfrac{C11}{h11}$	间隙非常大，用于很松、转动很慢的配合；要求大公差与间隙的外露组件；要求装配方便的配合。相当于旧国标 D6/dd6
$\dfrac{H9}{d9}$	$\dfrac{D9}{h9}$	间隙很大的自由转动配合，用于公差等级不高，有大的温度变动、高转速或大的轴颈压力时。相当于旧国标 D4/dc4
$\dfrac{H8}{f7}$	$\dfrac{F8}{h7}$	间隙不大的转动配合，用于中等转速与中等轴颈压力的精确转动，也用于较易装配的中等定位配合。相当于旧国标 D/dc
$\dfrac{H7}{g6}$	$\dfrac{G7}{h6}$	间隙很小的滑动配合，用于不希望自由转动，但可自由移动和滑动并精密定位时，也可用于要求明确的定位配合。相当于旧国标 D/db
$\dfrac{H7}{h6}$ $\dfrac{H8}{h7}$ $\dfrac{H9}{h8}$ $\dfrac{H11}{h11}$	$\dfrac{H7}{h6}$ $\dfrac{H8}{h7}$ $\dfrac{H9}{h9}$ $\dfrac{H11}{h11}$	均为间隙定位配合，零件可自由装拆，而工作时一般相对静止不动。在最大实体条件下的间隙为零，在最小实体条件下的间隙由公差等级决定：H7/h6 相当于D/d，H8/h7 相当于 D3/d3，H9/h9 相当于 D4/d4，H11/h11 相当于 D6/d6
$\dfrac{H7}{k6}$	$\dfrac{K7}{h6}$	过渡配合，用于精密定位。相当于旧国标 D/go
$\dfrac{H7}{n6}$	$\dfrac{N7}{h6}$	过渡配合，允许有较大过盈的更精密定位。相当于旧国标 D/ga
$\dfrac{H7}{p6}$	$\dfrac{P7}{h6}$	过盈定位配合，即小过盈配合。定位精度特别重要时，它能以最好的定位精度达到部件的刚性及对中性要求，而对内孔承受压力无特殊要求，不依靠配合的紧固件传递负荷。H7/p6 相当于旧国标 D/ga～D/jf
$\dfrac{H7}{s6}$	$\dfrac{S7}{h6}$	中等过盈配合，适用于一般钢件，或用于薄壁件的冷缩配合，用于铸铁件可得到最紧的配合。相当于旧国标 D/je
$\dfrac{H7}{u6}$	$\dfrac{U7}{h6}$	过盈配合。适用于可以承受大压力的零件或不宜承受大压力的冷缩配合

表 2.17　配合类别选择的大体方向

无相对运动	要传递转矩	永久结合		较大过盈的过盈配合
		可拆结合	要精确同轴	轻型过盈配合、过渡配合或基本偏差为 H(h) 的间隙配合加紧固件
			不要精确同轴	间隙配合加紧固件
	不需要传递转矩，要精确同轴			过渡配合或轻的过盈配合
有相对运动	只有移动			基本偏差为 H(h)、G(g) 等的间隙配合
	转动或转动和移动的复合运动			基本偏差为 A～F(a～f) 等的间隙配合

2. 基本偏差(配合)选择的基本方法

（1）计算法：根据理论公式，计算出使用要求的间隙或过盈大小来选定配合。对依靠过盈来传递运动和负载的过盈配合，可根据弹性变形理论公式，计算出能保证传递一定负载所需要的最小过盈和不使工件损坏的最大过盈。由于影响间隙和过盈的因素很多，理论的计算也是近似的，所以在实际应用中还需经过试验来确定，一般情况下，很少使用计算法。

（2）试验法：用试验的方法确定满足产品工作性能的间隙或过盈范围。该方法主要用于对产品性能影响大而又缺乏经验的场合。试验法比较可靠，但周期长、成本高，应用也较少。

（3）类比法：参照同类型机器或机构中经过生产实践验证的配合的实例，再结合所设计产品的使用要求和应用条件来确定配合。该方法应用最广。

3. 用类比法选择配合时应考虑的因素

应用类比法时首先要掌握各种配合的特征和应用场合，尤其是对国家标准所规定的优先配合要熟悉，同时要对产品的技术要求、工作条件及生产条件进行全面分析，考虑结合处的相对运动状态、载荷、温度、材料的力学性能对间隙或过盈的影响，不断积累经验，选出合适的配合种类。表2.18是轴的基本偏差选用说明和应用，表2.19、表2.20为过盈配合与过渡配合的选用与说明。

表 2.18　轴的基本偏差选用说明和应用

配合类别	配合特性	基本偏差	特 点 及 应 用
间隙配合	特大间隙	a、b	用于高温、热变形大的配合，如活塞与缸套的配合为 H9/a9
	很大间隙	c	用于受力变形大、装配工艺性差、高温动配合等场合，如内燃机排气阀杆与导管的配合为 H8/c7
	较大间隙	d	用于较松的间隙配合，如滑轮与轴的配合为 H9/d9；大尺寸滑动轴承与轴的配合，如轧钢机等重型机械
	一般间隙	e	用于大跨距、多支点、高速重载大尺寸等轴与轴承的配合，如大型电机、内燃机的主要轴承配合为 H8/e7
	一般间隙	f	用于一般传动的配合，如齿轮箱、小电机、泵等转轴与滑动轴承的配合为 H7/f6
	较小间隙	g	用于轻载精密滑动零件，或缓慢间隙回转零件间的配合，如插销的定位、滑阀、连杆销、钻套孔等的配合
	很小间隙	h	用于不同精度要求的一般定位件的配合，以及缓慢移动和摆动零件间的配合，如车床尾座孔与滑动套的配合为 H6/h5

表 2.19　过盈配合的选用说明

选择根据	过盈程度		
	较小或小的过盈	中等与大的过盈	很大与特大的过盈
传递扭矩的大小	加紧固件传递一定的扭矩与轴向力，属轻型过盈配合。不加紧固件可用于准确定心，仅传递小扭矩，需轴向定位	不加紧固件可传递较小的扭矩与轴向力，属中型过盈配合	不加紧固件可传递大的扭矩与轴向力、特大扭矩和动载荷，属重型、特重型过盈配合
装卸情况	用于拆卸、装入需要使用压入机时	用于很少拆卸时	用于不拆卸时，一般不推荐使用。对于特重型过盈配合（后三种）需经试验才能应用
应选择的基本偏差	p(P)、r(R)	s(S)、t(T)	u(U)、v(V)、x(X)、y(Y)、z(Z)
应用	卷扬机绳轮与齿圈的配合为 H7/p6	联轴节与轴的配合为 H7/t6	火车轮毂与轴的配合为 H6/u5

表 2.20　过渡配合的选用说明

盈、隙情况	过盈率很小稍有平均间隙	过盈率中等平均过盈接近为零	过盈率较大平均过盈较小	过盈率大平均过盈稍大
定心要求	要求较好定心时	要求定心精度较高时	要求精密定心时	要求更精密定心时
装配与拆卸情况	木锤装配，拆卸方便	木锤装配，拆卸比较方便	最大过盈时需相当的压入力，可以拆卸	用木锤或压力机装配，拆卸较困难
应选择的基本偏差	js(JS)	k(K)	m(M)	n(N)

用类比法选择配合时必须考虑以下因素：

（1）受载情况：若载荷较大，则要增大过盈量，减小间隙，对过渡配合要选用过盈率大的过渡配合。

（2）拆装情况：经常拆装的孔和轴的配合比不常拆装的配合要松些。有时零件虽然不经常拆装，但受结构限制装配困难的也要选用松一些的配合。

（3）配合件的结合长度和形位误差：零件上有配合要求的部位结合面较长时，由于受形位误差的影响，实际形成的配合比结合面短的配合要紧一些，因此在选择配合时应适当减小过盈或增大间隙。

（4）配合件的材料：当配合件中有一件是铜或铝等塑性材料时，考虑到它们容易变形，选择配合时应当适当再增大过盈或减小间隙。

（5）温度的影响：当装配温度与工作温度相差较大时，要考虑热变形的影响。

（6）装配变形的影响：主要针对一些薄壁零件的装配。如图 2.21 所示，由于套筒外表面与机座孔的装配会产生较大过盈，当套筒压入机座孔后套筒内孔会收缩，使内孔变小，这样就满足不了 $\phi60H7/f6$ 的使用要求。因此在选择套筒内孔与轴的配合时，此变形量应给予考虑。具体办法有：一是将内孔做大一些（如按 $\phi60G7$ 进行加工），以补偿装配变形；二是用工艺措施来保证，将套筒压入机座孔后，再按 $\phi60H7$ 加工套筒内孔。

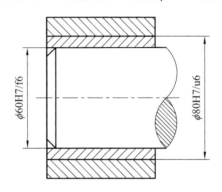

图 2.21 具有装配变形的结构

（7）生产类型：选择装配时，应考虑生产类型（批量）的影响。在大批量生产时，多用调整法加工，加工后尺寸通常按正态分布。而单件小批生产时，多用试切法加工，孔加工后尺寸多偏向孔的最小极限尺寸，轴加工后尺寸多偏向轴的最大极限尺寸，即遵循偏态分布。

4. 应用实例

各种配合的应用实例如表 2.21 所示，综合应用实例如图 2.22 所示。

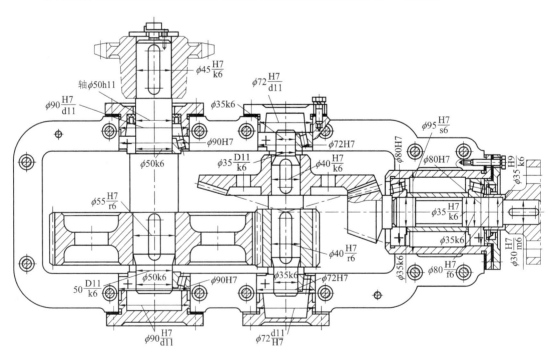

图 2.22 配合选用的综合应用实例

表 2.21　配合的应用实例

配合	基本偏差	配合特性	应用实例
间隙配合	a, b	可得到特别大的间隙,应用很少	管道法兰连接用的配合
	c	可得到很大的间隙,一般用于缓慢、松弛的动配合,以及工作条件较差(如农业机械)、受力变形,或为了便于装配而必须保证有较大间隙时。推荐优先配合为 H11/e11。其较高等级的配合,如 H8/c7 适用于轴在高温工作的紧密动配合(内燃机排气阀导管配合)	内燃机气门导杆与座的配合
	d	配合一般用于 IT7～IT11,适用于松的传动配合,如密封盖、滑轮、空转皮带轮等与轴的配合以及大直径滑动轴的配合,如透平机、球磨机、轧滚成型和重型弯曲机及其他重型机械中的一些滑动支承 C616 车床尾座中偏心轴与尾座体孔的结合	
	e	多用于 IT7～IT9 级,通常适用于要求有明显间隙、易于转动的支承用的配合,如大跨距支承、多支点支承等的配合。高等级的 e 适用于大的、高速、重载支承,如蜗轮发电机、大电动机的支承及内燃机主要轴承、凸轮轴支承、摇臂支承等的配合	内燃机主轴承

配合	基本偏差	配合特性	应用实例
间隙配合	f	多用于IT6～IT8级的一般转动配合。当温度影响不大时,被广泛用于普通润滑油(或润滑脂)润滑的支承,如齿轮箱、小电动机、泵等的转轴与滑动支承的配合	齿轮轴套与轴的配合
间隙配合	g	配合间隙很小,制造成本高,除很轻负荷的精密装置外,不推荐用于转动配合。多用于IT5～IT7级,最适合不回转的精密滑动配合,也用于插销等定位配合,如精密连杆轴承、活塞及滑阀、连杆销等	钻套与衬套的结合
间隙配合	h	多用于IT4～IT11级,广泛用于无相对转动的零件,作为一般的定位配合。没有温度、变形的影响时,也用于精密滑动配合	车床尾座体孔与顶尖套筒的结合
过渡配合	js	为完全对称偏差(±IT/2),平均起来为稍有间隙的配合,多用于IT4～IT7级,要求间隙比h轴小,并允许略有过盈的定位配合,如联轴器,可用手或木锤装配	齿圈与钢轮辐的结合

续表二

配合	基本偏差	配合特性	应用实例
过渡配合	k	平均起来没有间隙的配合，适用于 IT4～IT7 级，推荐用于稍有过盈的定位配合，例如为了消除振动用的定位配合，一般用木锤装配	 某车床主轴后轴承座与箱体孔的结合
	m	平均起来具有不大过盈的过渡配合，适用于 IT4～IT7 级，一般可用木锤装配，但在最大过盈时，要求相当的压入力	 蜗轮青铜轮缘与轮辐的结合
	n	平均过盈比用 m 轴时稍大，很少得到间隙，适用于 IT4～IT7 级。用木锤或压力机装配，通常推荐用于紧密的组件配合。H6/n5 配合时为过盈配合	 冲床齿轮与轴的结合
过盈配合	p	与 H6 或 H7 孔配合时是过盈配合，与 H8 孔配合时则为过渡配合。对非铁制零件，为较轻的压入配合，当需要时易于拆卸。对钢、铸铁或铜、钢组件装配是标准压入配合	 卷扬机的绳轮与齿圈的结合

续表三

配合	基本偏差	配合特性	应用实例
过盈配合	r	对铁制零件为中等过盈配合，对非铁制零件为较轻过盈配合。当需要时可以拆卸，与 H8 孔配合。直径在 100 mm 以上时为过盈配合，直径小时为过渡配合	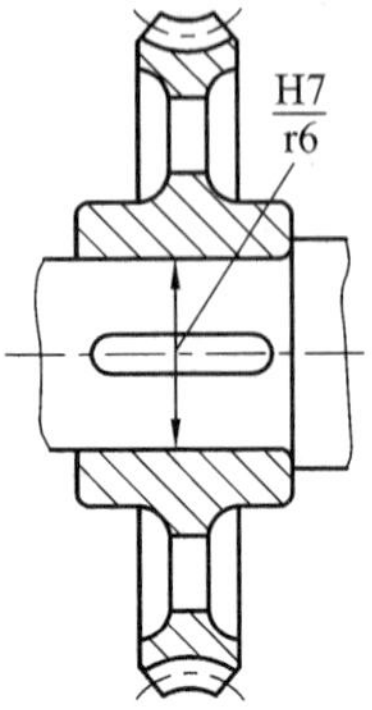 蜗轮与轴的结合
	s	用于钢制和铁制零件的永久性和半永久性装配，可生产相当大的结合力。当用弹性材料，如轻合金时，配合性质与铁制零件的 p 轴相当。例如，套环压装在轴上和阀座等的配合。尺寸较大时，为了避免损伤配合表面，需用热胀冷缩法装配	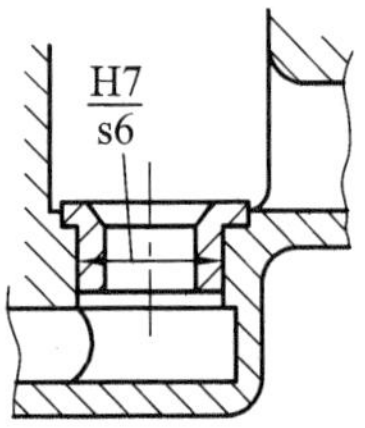 水泵阀座与壳体的结合
	t u v x y z	过盈量依次增大，一般不推荐	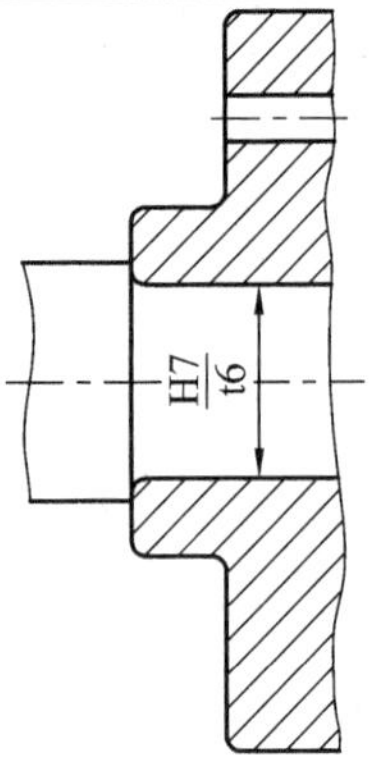 联轴器与轴的结合

5. 已知配合的极限盈、隙时，基本偏差的确定方法

　　通过计算或经验已知配合的极限盈隙时，可通过计算、查表确定基本偏差代号，计算公式见表 2.22。

表 2.22　查表法确定基本偏差代号的计算公式

间隙配合	可按 X_{min} 来选择基本偏差代号	对基孔制间隙配合有　　$es \leqslant -X_{min}$ 对基轴制间隙配合有　　$EI \geqslant +X_{min}$
过渡配合	可按 X_{max} 来选择基本偏差代号	对基孔制过渡配合有　　$T_h - ei \leqslant X_{max}$ 对基轴制过渡配合有　　$ES - (-T_s) \leqslant X_{max}$
过盈配合	可分别按 Y_{min} 来选择基本偏差代号	对基孔制过盈配合有　　$T_h - ei \leqslant Y_{min}$ 对基轴制过盈配合有　　$ES - (-T_s) \leqslant Y_{min}$

计算出基本偏差后，查表确定接近使用要求的基本偏差代号。基本偏差代号确定后，应验算极限盈隙是否满足要求。

【例 2.5】　几何精度设计实例：有一孔、轴配合的公称尺寸为 $\phi 30$，要求配合间隙在 $+0.018 \sim +0.055$ mm 之间，试确定孔和轴的公差等级和配合种类。

解　（1）选择基准制。

无特殊要求，优先选用基孔制，孔的基本偏差代号为 H，EI$=0$。

（2）确定公差等级。

根据使用要求，其配合公差为

$$T_f = |X_{max} - X_{min}| = |+0.055 - (+0.018)| = 0.037 \text{ mm}$$

依据 $T_f = T_h + T_s$，从表 2.1 查得：孔和轴公差等级介于 IT6 和 IT7 之间，根据工艺等价性原则，在 IT6 和 IT7 的公差等级范围内，孔应比轴低一个公差等级，故选孔为 IT7，$T_h = 21 \ \mu m$，公差带代号为 $\phi 30H7(^{+0.021}_{0})$；轴为 IT6，$T_s = 13 \ \mu m$；配合公差为 $T_f = T_h + T_s = IT7 + IT6 = 0.021 + 0.013 = 0.034 < 0.037$ mm，满足使用要求。

（3）确定轴的基本偏差代号。

根据表 2.22 得 es$\leqslant -X_{min}$，即 es$\leqslant -18 \ \mu m$。而 es 为轴的基本偏差，从表 2.8 中查得轴的基本偏差代号为 f，即轴的公差带为 $\phi 30f6$。ei$=$es$-T_s = -0.020 - (+0.013) = -33 \ \mu m$，得轴的公差带代号为 $\phi 30f6(^{-0.020}_{-0.033})$，选择的配合为 $\phi 30H7/f6$。

（4）验算设计结果。

$$\phi 30H7/f6: X_{max} = ES - ei = +0.021 - (-0.033) = +54 \ \mu m$$
$$X_{min} = EI - es = 0 - (-0.020) = +20 \ \mu m$$

它们分别小于要求的最大间隙（$+55 \ \mu m$）和等于要求的最小间隙（$+20 \ \mu m$），因此，设计结果满足使用要求。本例选定的配合为 $\phi 30 \dfrac{H7(^{+0.021}_{0})}{f6(^{-0.020}_{-0.033})}$，尺寸公差带图如图 2.23 所示。

实际应用时，计算出的公差值和极限偏差数值不一定与表中的数据正好一致，应按照实际的精度要求适当选择。

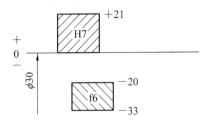

图 2.23　尺寸公差带图

复 习 与 思 考

1. 什么是极限尺寸？什么是实际尺寸？二者关系如何？

2. 什么是标准公差？什么是基本偏差？二者各自的作用是什么？

3. 尺寸公差与偏差有何区别和联系？

4. 什么是配合？当基本尺寸相同时，如何判断孔轴配合性质的异同？

5. 什么是配合制？国家标准中规定了几种配合制？如何正确选择配合制及基准制转换？

6. 什么叫作"未注公差尺寸"？这一规定适用于什么条件？其公差等级和基本偏差是如何规定的？

7. 选用标准公差等级的原则是什么？公差等级是否越高越好？

8. 查表确定下列公差带的极限偏差。

(1) $\phi25f7$　　　(2) $\phi60d8$　　　(3) $\phi50k6$　　　(4) $\phi40m5$

(5) $\phi50D9$　　　(6) $\phi40P7$　　　(7) $\phi30M7$　　　(8) $\phi80JS8$

9. 填空题

(1) 选择基准制时，应优先选用＿＿＿＿＿＿原因是＿＿＿＿＿＿＿＿＿＿＿＿＿＿＿＿＿。

(2) 配合公差是指＿＿＿＿＿＿＿＿＿＿＿＿＿＿＿＿＿＿＿＿＿＿，它表示＿＿＿＿＿＿的高低。

(3) 国家标准规定的优先、常用配合在孔、轴公差等级的选用上，采用"工艺等价原则"，高于 IT8 的孔均与＿＿＿＿＿级的轴相配；低于 IT8 的孔均和＿＿＿＿＿级的轴相配。

(4) $\phi50$ 的基孔制孔轴配合，已知其最小间隙为 ＋0.05 mm，则轴的上偏差是＿＿＿＿＿。

(5) 孔、轴的 ES＜ei 的配合属于＿＿＿＿＿配合，EI＞es 的配合属于＿＿＿＿＿配合。

(6) $\phi50H8/h8$ 的孔、轴配合其最小间隙为＿＿＿＿＿，最大间隙为＿＿＿＿＿。

(7) 孔、轴配合的最大过盈为 $-60\ \mu m$，配合公差为 $40\ \mu m$，可以判断该配合属于＿＿＿＿＿配合。

(8) $\phi50^{+0.002}_{-0.023}$孔与 $\phi50^{-0.025}_{-0.050}$轴的配合属于＿＿＿＿＿配合，其极限间隙或极限过盈为＿＿＿＿＿和＿＿＿＿＿。

(9) 公差等级的选择原则是＿＿＿＿＿＿＿＿的前提下，尽量选用＿＿＿＿＿的公差等级。

(10) 对于相对运动的机构应选用＿＿＿＿＿配合，对不加紧固件，但要求传递较大扭矩的连接，应选用＿＿＿＿＿配合。

10. 判断题

(　　)(1) 公差是零件尺寸允许的最大偏差。

(　　)(2) 公差通常为正，在个别情况下也可以为负或零。

(　　)(3) 孔和轴的加工精度越高，则其配合精度也越高。

(　　)(4) 配合公差总是大于孔或轴的尺寸公差。

(　　)(5) 过渡配合可能具有间隙，也可能具有过盈。因此，过渡配合可以是间隙配合，也可以是过盈配合。

(　　)(6) 零件的实际尺寸就是零件的真实尺寸。

(　　)(7) 某一零件的实际尺寸正好等于其公称尺寸，则这尺寸必合格。

(　　)(8) 因 js 为完全对称偏差，故其上、下偏差相等。

(　　)(9) 零件的最大实体尺寸一定大于其最小实体尺寸。

(　　)(10) 公称尺寸一定时，公差值愈大，公差等级愈高。

(　　)(11) 基本偏差 a～h 与基准孔构成间隙配合，其中 h 配合最松。

(　　)(12) 配合 H7/g6 比 H7/s6 要紧。

(　　)(13) 从制造角度讲，基孔制的特点就是先加工孔，基轴制的特点就是先加工轴。

(　　)(14) 配合公差是指各类配合中，允许间隙和过盈的变动量。

（　　）(15) 极限偏差影响配合的松紧程度，也影响配合的精度。

（　　）(16) 选用公差带时，应按优先、常用、一般公差带的顺序选取。

11. 已知公称尺寸为 $\phi30$，基孔制的孔轴同级配合，$T_f = 0.066$ mm，$Y_{max} = -0.081$，求孔、轴的上下极限偏差。

12. 某配合的公称尺寸为 $\phi60$，要求配合的最大间隙为 $+0.050$ mm，最大过盈为 -0.032 mm，试确定其配合代号。

13. 查表解算表 2.23 中各题，并填入空格中。

表 2.23　题 13 表

项目 配合 代号	基准 制	配合 性质	公差 代号	公差 等级	公差 /μm	极限偏差 /μm		极限尺寸 /μm		间隙 /μm		过盈 /μm		X_{av} 或 Y_{av}/μm	T_f /μm
						上	下	最大	最小	最大	最小	最大	最小		
$\phi30\dfrac{P7}{h6}$			孔												
			轴												
$\phi20\dfrac{K7}{h6}$			孔												
			轴												
$\phi25\dfrac{H8}{f7}$			孔												
			轴												

14. 有孔轴配合为过渡配合，孔为 $\phi80^{+0.046}_{0}$ mm，轴为 $\phi80\pm0.015$，求最大间隙和最大过盈，并画出配合的孔轴尺寸公差带图。

15. 有一组相配合的孔和轴为 $\phi30N8/h7$，查表作如下计算并填空。

(1) 孔的基本偏差是 _____ mm，轴的基本偏差是 _____ mm。

(2) 孔的公差为 _____ mm，轴公差为 _____ mm。

(3) 配合的基准制是 _____；配合性质是 _____。

(4) 配合公差等于 _____ mm。

16. 已知 $\phi25H7(^{+0.021}_{0})/r6(^{+0.041}_{+0.028})$，确定 $\phi25R7/h6$ 孔和轴的极限偏差。

17. 某孔、轴配合，基本尺寸为 $\phi35$，要求 $X_{max} = +120\ \mu$m，$X_{min} = +50\ \mu$m，试确定基准制、公差等级及其配合种类。

18. 某孔、轴配合，基本尺寸为 $\phi45$，配合要求的过盈量为 $-29.5 \sim -50\ \mu$m，试确定其配合代号。

19. 某孔、轴配合，已知轴的尺寸为 $\phi10h8$，$X_{max} = +0.007$mm，$Y_{max} = -0.037$ mm，试计算孔的极限尺寸，并说明该配合的基准制、配合类别。

20. 设某配合的孔径为 $\phi15^{+0.027}_{0}$，轴径为 $\phi15^{-0.016}_{-0.034}$，试分别计算其极限尺寸、极限间隙（或过盈）、平均间隙（或过盈）和配合公差。

第3章 几何公差

3.1 概　　述

零件在加工过程中，由于工件、刀具、夹具及工艺操作等因素的影响，会使被加工零件的各几何要素产生一定的形状误差和位置误差。当在车削圆柱表面时，刀具的运动轨迹若与工件的旋转轴线不平行，则会使加工零件表面产生圆柱度误差；当铣轴上的键槽时，若铣刀杆轴线的运动轨迹相对于零件的轴线有偏离或倾斜，则会使加工出的键槽产生对称度误差等。

几何要素的形位误差会直接影响机械产品的工作精度、运动平稳性、密封性、耐磨性、使用寿命和可装配性等。因此，为了满足零件的使用要求，保证零件的互换性和制造经济性，在设计时应对零件的形位误差给予必要而合理的限制，即应对零件规定形状和位置公差。

近年来根据科学技术和经济发展的需要，我国的形位公差国家标准按照与国际标准接轨的原则进行了几次修订，现行的国家标准包括：

(1) GB/T 1182—2008《产品几何技术规范(GPS) 几何公差　形状、方向、位置和跳动公差标注》；

(2) GB/T 13319—2003《产品几何技术规范(GPS) 几何公差　位置度公差标注法》；

(3) GB/T 1184—1996《形状和位置公差　未注公差值》；

(4) GB/T 4249—2009《产品几何技术规范(GPS)公差原则》；

(5) GB/T 1958—2004《产品几何技术规范(GPS)形状和位置公差　检测规定》。

3.1.1 几何公差的研究对象

零件不论其结构特征如何，都是由一些简单的点、线、面组合而成的，构成零件几何特征的点、线、面统称为几何要素(简称要素)。形状是一个要素本身所处的状态，位置则是指两个以上要素之间所形成的方位关系。各种零件尽管几何特征不同，但都是由称为几何要素的点、线、面所组成的，如图 3.1 所示。

几何公差的研究对象是构成零件几何特征的点、线、面等几何要素。零件的几何

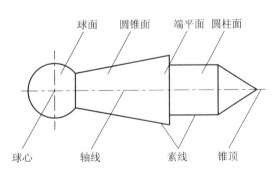

图 3.1　零件的几何要素

要素可按不同的方式来分类。

1. 按存在的状态分类

（1）公称要素（true feature）：又称理想要素，要具有几何意义的要素，即指几何的点、线、面。理想要素为理论正确的要素，不存在任何误差。

（2）实际要素：零件上实际存在的要素，通常用测得的要素代替实际要素。由于测量误差的影响，实际要素的真实状况是无法显示的，因而包含测量误差的测得要素并不是加工制造零件上的实际要素。

2. 按所处的地位分类

（1）被测要素：在图样上给出了几何公差要求的要素。

（2）基准要素：用于确定被测要素方向或（和）位置的要素。理想基准要素简称为基准。

3. 按几何特征分类

（1）组成要素：构成零件外部轮廓的点、线、面。

（2）导出要素：组成要素对称中心所表示的点、线或面，如轴线、中心点、中心面。

4. 按功能关系分类

（1）单一要素：仅对被测要素本身给出形状公差要求，如一个点、一个圆柱面、一个平面、一条轴线等。

（2）关联要素：与零件上其他要素有功能关系的要素。所谓功能关系，就是指要素之间某种确定的方向和位置关系（如垂直、平行、对称、同轴等）。

3.1.2　几何公差的特征（项目）与符号

GB/T 1182—2008 规定的几何公差（geometrical tolerance）特征项目有 19 个，其中形状公差 6 个、方向公差 5 个、位置公差 6 个、跳动公差 2 个。几何公差的几何特征（项目）及符号详见表 3.1，几何公差标注要求及其他附加符号见表 3.2。

表 3.1　几何公差符号（GB/T 1182—2008）

公差类型	几何特征	符号	有无基准	公差类型	几何特征	符号	有无基准
形状公差	直线度	—	无	位置公差	位置度	⊕	有或无
	平面度	▱	无		同心度（用于中心点）	◎	有
	圆度	○	无				
	圆柱度	⌀	无		同轴度（用于轴线）	◎	有
	线轮廓度	⌒	无				
	面轮廓度	⌓	无		对称度	═	有
方向公差	平行度	//	有		线轮廓度	⌒	有
	垂直度	⊥	有		面轮廓度	⌓	有
	倾斜度	∠	有	跳动公差	圆跳动	↗	有
	线轮廓度	⌒	有				
	面轮廓度	⌓	有		全跳动	↗↗	有

表 3.2　几何公差标注及附加符号(GB/T 1182—2008)

说　明	符　号	说　明	符　号
被测要素		自由状态条件(非刚性零件)	Ⓕ
		全周(轮廓)	
基准要素	Ⓐ　　Ⓐ	包容要求	Ⓔ
		公共公差带	CZ
基准目标	$\dfrac{\phi 2}{A1}$	小径	LD
		大径	MD
理论正确尺寸	50	中径、节径	PD
延伸公差带	Ⓟ	线素	LE
最大实体要求	Ⓜ	不凸起	NC
最小实体要求	Ⓛ	任意横截面	ACS

3.1.3　基准

1. 基准的概念

基准(datum)是与被测要素有关且用来确定其几何位置关系的一个几何理想要素(如轴线、直线、平面等),可由零件上的一个或多个要素构成。基准是确定被测要素的方向、位置的参考对象。设计时,在图样上标出的基准一般分为以下 3 种。

1) 单一基准

单一基准又称为单一基准要素,是由单个要素构成、作为单一基准使用的要素。单一基准可以是一个平面、一条中心线或一条轴线。图 3.2 所示为由一个平面要素建立的单一基准。

2) 组合基准

由两个或两个以上同类要素所建立的独立基准称为组合基准,也称为公共基准。组合基准为这些实际要素所共有的理想轴线或理想平面,是作为单一基准使用的一组独立要素。如图 3.3 所示,公共基准轴线 $A-B$ 是由两个直径为 ϕd_1 的圆柱面轴线所建立的,它应当是包含两条实际轴线的理想圆柱的轴线。

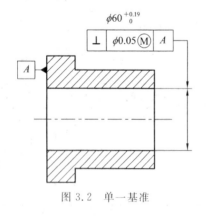

图 3.2　单一基准

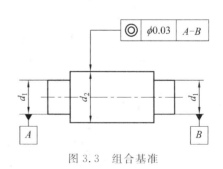

图 3.3　组合基准

3) 基准体系

基准体系是由两个或三个独立的基准组合构成的用来确定被测要素的几何位置关系的理想要素组。三个互相垂直的基准平面所组成的基准体系称为三基面体系。三基面体系的三个平面用于确定和测量零件上各要素几何关系的起点。如图3.4所示，A、B和C三个平面互相垂直，分别被称作第一、第二和第三基准平面，每两个基准面的交线构成基准轴线，三轴线的交点构成基准点，由此可见，单一基准或基准轴线均可从三基面体系中得到。应用三基面体系标注图样时，要特别注意基准的顺序，应根据零件的功能要求来确定零件的基准数量和顺序。

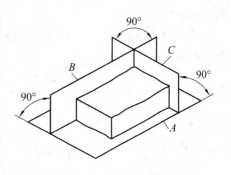

图3.4 三基面体系

2. 基准代号

基准用大写字母表示。为不致引起误解，国家标准GB/T 1182—2008规定基准字母禁用E、I、J、M、O、P、L、R、F这9个字母。基准字母一般不许与图样中任何向视图的字母相同。

基准代号由带大写字母(基准字母)的方框与一个涂黑或空白的三角形用细实线相连组成。如图3.5所示，无论基准代号的方向如何，字母都应水平书写，同时将基准字母填写在相应被测要素的公差框格内。

| (a) | (b) | (c) | (d) |

图3.5 基准代号

3.1.4 几何公差带的概念

几何公差是实际被测要素对图样上给定的理想形状、理想位置的允许变动量，包括形状公差、方向公差、位置公差和跳动公差。形状公差是指单一被测要素对其理想要素的允许变动量，位置公差是指实际关联要素相对于基准的位置所允许的变动量。由此我们可知，研究几何公差的一个重要问题是如何限制实际要素的变动范围。由于实际要素在空间占据一定形状、位置和大小，因此必须用具有一定形状、大小、方向和位置的各种空间或平面区域来限制它。

几何公差带用于限制实际要素形状和位置变动的区域，是形位误差的最大允许值。它与尺寸公差带的概念一致，但几何公差带可以是空间区域，也可以是平面区域。只要实际被测要素能全部落在给定的公差带内，就表明实际被测要素合格。

几何公差是用形位公差带来表示的。构成形位公差带的四个要素是几何公差带的形状、方向、位置和大小。

几何公差带的形状取决于被测要素的理想形状和给定的公差特征，可分为9种主要形式，如表3.3所示。形位公差带的大小由图样上给定的公差值t确定，它指的是公差带的宽度或直径等。例如，公差带为圆形或圆柱形的，则在公差值 t 前应加注"ϕ"；如是球形的，则应加注"$S\phi$"。

几何公差带的方向为公差带的宽度方向或垂直于被测要素的方向，通常为指引线箭头所指的方向。

表 3.3　几何公差带的主要形状

平面区域		空间区域	
两平行直线		球	
两等距曲线		圆柱面	
两同心圆		两同轴圆柱面	
圆		两平行平面	
		两等距曲面	

几何公差带的位置有固定和浮动两种。所谓固定，是指公差带的位置是由图样上给定的基准来确定的，不随实际形状、尺寸或位置的变动而变化，如中心要素的公差带位置均是固定的。所谓浮动，是指公差带的位置随零件实际尺寸在尺寸公差带内的变动而变动，如一般轮廓要素的公差带位置都是浮动的。

3.2　几何公差的标注方法

GB/T 1182—2008 规定，在技术图样上，几何公差采用代号标注。标注几何公差时，应绘制带指引线的公差框格，并注明几何公差值，使用表 3.1 中的有关符号。当使用符号标注不能表达清楚或过于烦琐时，允许在技术要求中使用文字说明。

3.2.1　几何公差的代号

几何公差采用框格标注，当无法标注时，可用文字说明。如图 3.6 所示，框格由两格或多格组成，框格中的主要内容从左到右按以下次序填写：公差特征项目符号，公差值及有关附加符号，基准字母及有关附加符号。

图 3.6　几何公差的代号

1. 几何公差框格及填写内容

公差框格为矩形方格,由两格或多格组成,在技术图样中一般水平绘制,其线形为细实线。第一格绘成正方形,其他格绘成正方形或上、下边较长而左、右边较短的矩形。内容按从左到右的顺序填写,框格高度等于两倍字高,如图 3.7 所示。

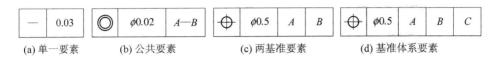

| — | 0.03 | | ◎ | $\phi0.02$ | $A-B$ | | ⊕ | $\phi0.5$ | A | B | | ⊕ | $\phi0.5$ | A | B | C |

    (a) 单一要素   (b) 公共要素   (c) 两基准要素   (d) 基准体系要素

图 3.7 公差框格

第一格填写公差特征项目符号。

第二格填写以 mm 为单位的公差值,公差值一般为线性值,表示方法有三种:"t""ϕt""$S\phi t$"。当被测要素为轮廓要素或中心平面,或者被测要素的检测方向一定时,标注"t",如平面度、圆度、圆柱度、圆跳动和全跳动公差值的标注;当被测要素为轴线或圆心等中心要素且检测方向为径向任意角度时,公差带的形状为圆柱或圆形,标注"ϕt",如同轴度公差值的标注;当被测要素为球心且检测方向为径向任意角度时,公差带为球形,标注"$S\phi t$",如球心位置度公差值的标注。

从第三格起(指方向公差、位置公差、跳动公差框格)用一个或多个大写字母表示基准要素或基准体系。例如,图 3.7(a)表示基准要素为单一基准;图 3.7(b)表示由两个同类要素 A 与 B 构成一个独立基准 $A-B$,为公共基准;图 3.7(c)表示基准 A 与 B 垂直,即基准 A 与 B 构成直角坐标,A 为第一基准,B 为第二基准;图 3.7(d)表示三基面体系,基准 A、B、C 相互垂直,即基准 A、B、C 构成空间直角坐标,它们的关系是 $B\perp A$、$C\perp A$ 且 $C\perp B$。

2. 指引线

指引线由细实线和箭头构成,用来将公差框格与被测要素连起来,从框格的一端引出,并保持与公差框格端线垂直。指引线引向被测要素时,根据需要允许画成折线,但弯折点最多两个,指引线箭头一般应垂直于图样上的被测要素并指向公差带的宽度方向或直径方向,如图 3.8 所示。

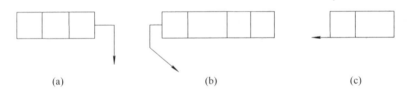

    (a)   (b)   (c)

图 3.8 指引线表示方法

3.2.2 被测要素的标注方法

在图样上标注公差框格时,用带箭头的指引线将框格与被测要素相连,按以下方法标注:

(1) 被测要素为组成要素(轮廓要素)时,指引线的箭头置于要素的轮廓线或轮廓线的延长线,但必须与尺寸线明显地错开,如图 3.9 所示。

(2) 被测要素为实际表面时,箭头可置于带点的参考线上,该点指在实际表面上,如

图 3.10 所示。

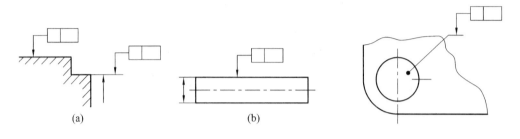

图 3.9　组成要素的标注　　　　　　　　　　　　　　图 3.10　实际表面的标注

（3）被测要素为导出要素（中心要素）时，指引线的箭头应与尺寸线的延长线重合，如图 3.11 所示。

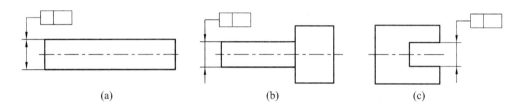

图 3.11　中心面或轴线的标注

（4）当对同一要素有多个公差特征项目要求时，为方便起见，可将一个框格放在另一个框格的下方，如图 3.12 所示。

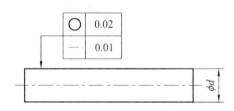

图 3.12　同一要素多项要求的标注

（5）当被测要素为圆锥体的轴线时，指引线箭头应与圆锥体的直径尺寸线（大端或小端）对齐，如图 3.13（a）所示。若直径尺寸不能明显区分圆锥体和圆柱体，则应在圆锥体内画出空白的尺寸线，并将指引线箭头与空白的尺寸线对齐，如图 3.13（b）所示。

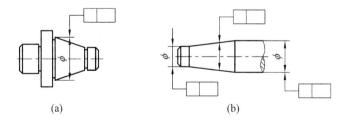

图 3.13　圆锥体轴线的标注

（6）当几个被测要素有同一数值的公差带要求时，其表示方法如图 3.14 所示。

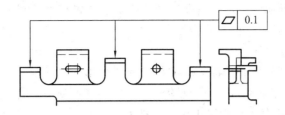

图 3.14 要求相同的被测要素的标注示例

（7）当同一公差带控制几个被测要素，且这几个要素在同一个平面或同一条直线上时，应在公差框格上注明"ZC"，如图 3.15 所示。

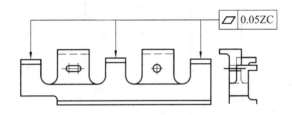

图 3.15 用同一公差带控制几个被测要素的标注示例

（8）当标注被测要素任意局部范围内的公差要求时，应将该局部范围的尺寸标注在形位公差值后面，并用斜线隔开。例如，图 3.16(a)表示圆柱面素线在任意 100 mm 长度范围内的直线度公差为 0.05 mm；图 3.16(b)表示箭头所指平面在任意边长为 100 mm 的正方形范围内的平面度公差是 0.01 mm。

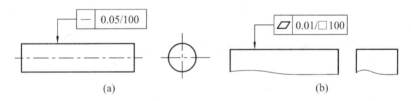

(a)   (b)

图 3.16 被测要素局部范围内公差带要求的标注示例

3.2.3 基准要素的标注方法

（1）基准要素为组成要素时，基准代号的三角形放置在要素的轮廓线或延长线上，必须与尺寸线明显错开。无论基准代号的方向如何，字母都应水平书写，如图 3.17 所示。

（2）基准要素为实际表面时，基准代号的粗短横线可置于用圆点指向实际表面的参考线上。图 3.18 所示为环形基准表面的标注方法。

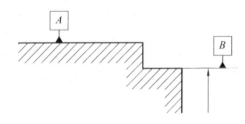

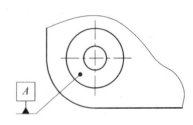

图 3.17 基准要素为组成要素时的标注   图 3.18 基准要素为实际表面时的标注

（3）基准要素为导出要素时，基准代号的三角形放置在尺寸线的延长线上，并与尺寸线对齐，如图 3.19(a)所示。如尺寸线处安排不下两个箭头，则基准代号的三角形可代替尺寸线的一个箭头，如图 3.19(b)所示。

（4）基准要素为圆锥体轴线时，基准代号的三角形应与圆锥直径的尺寸线（大端或小端）对齐，如图 3.19(c)所示，或与圆锥体内的空白尺寸线对齐。若采用角度标注，则基准代号的三角形应与该角度的尺寸线正对，如图 3.19(d)所示。

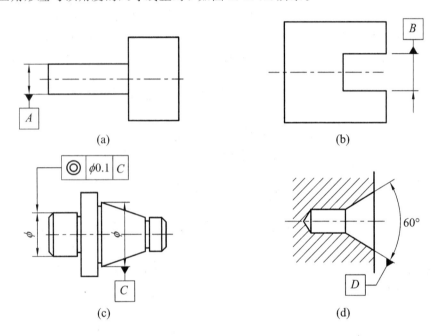

图 3.19　基准要素为中心要素时的标注

3.3　几何公差带

3.3.1　形状公差带

形状公差是指单一要素的形状所允许的变动量，形状公差带有两个要素：形状和大小，其方向和位置一般是浮动的，即随实际被测要素的方向、位置的改变而改变，零件实际要素在该区域内为合格。

形状公差有直线度、平面度、圆度、圆柱度四项，被测要素为直线、平面、圆和圆柱面。直线度用以控制直线、轴线的形状误差。根据零件的功能要求，直线度可分为在给定平面内、在给定方向上和在任意方向上三种情况。圆度公差是用以限制圆柱形、圆锥形等回转体的正截面的形状误差。圆柱度公差则控制了横剖面和轴剖面内的各项形状误差（圆度、素线直线度、轴线直线度等），是圆柱体各项形状误差的综合指标，也是国标上推广的一项评定圆柱面误差的先进指标。

典型形状公差带定义、标注示例和解释如表 3.4 所示。

表 3.4　形状公差带的定义、标注示例和解释

项　目	公差带定义	标注示例和解释
直线度	在给定平面内，公差带是距离为公差值 t 的两平行直线之间的区域 	被测表面的素线必须位于平行于图样所示投影面且距离为公差值 0.1 的两平行直线内
	在给定方向上，公差带是距离为公差值 t 的两平行平面之间的区域 	被测表面的素线必须位于平行于图样所示投影面且距离为公差值 0.02 的两平行平面内
	如在公差值前加注 ϕ，则公差带是直径为公差值 t 的圆柱面内的区域 	被测圆柱面的轴线必须位于直径为 $\phi0.04$ 的圆柱面内

续表

项　目	公差带定义	标注示例和解释
平面度	公差带是距离为公差值 t 的两平行平面之间的区域	被测表面必须位于距离为公差值 0.1 的两平行平面内
圆度	公差带是在同一正截面上，半径差为公差值 t 的两同心圆之间的区域	被测圆柱面任一正截面的圆周必须位于半径差为公差值 0.02 的两同心圆之间
圆柱度	公差带是半径差值为公差值 t 的两同轴圆柱面之间的区域	被测圆柱面必须位于半径差为公差值 0.02 的两同轴圆柱面之间的区域

3.3.2　轮廓公差带

轮廓度公差有线轮廓度和面轮廓度，其公称要素的形状用理论正确尺寸决定。轮廓度公差带分为无基准要求的和有基准要求的两种。无基准要求的轮廓度公差属于形状公差，公差带的方向和位置是可以浮动的；有基准要求的轮廓度公差分为方向公差和位置公差，其公差带的方向和（或）位置是固定的。轮廓度公差带定义、标注示例和解释见表 3.5。

表 3.5　线轮廓度和面轮廓度公差带的定义、标注示例和解释

项　目	公差带定义	标注示例和解释
线轮廓度	公差带是包络一系列直径为公差值 t 的圆的两包络线之间的区域，各圆的圆心位于理论正确几何形状的线上 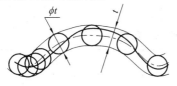	在平行于图样所示投影面的任一截面上，被测轮廓线必须位于包络一系列直径为公差值 0.04 且圆心位于理论正确几何形状的线上的两包络线之间 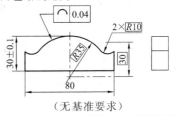 （无基准要求）
	公差带为直径等于公差值 t，圆心位于由基准平面 A 和基准平面 B 确定的被测要素理论正确几何形状上的一系列圆的两包络线所限定的区域 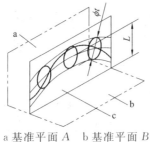 a 基准平面 A　b 基准平面 B c 平行于基准平面 A 的平面	在平行于图样所示投影面的任一截面上，提取（实际）轮廓线必须位于直径为 0.04 且圆心位于由基准平面 A 和基准平面 B 确定的被测要素理论正确几何形状上的一系列圆的两等距包络线之间 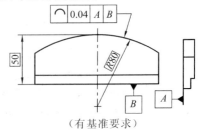 （有基准要求）
面轮廓度	公差带是包络一系列直径为公差值 t 的球的两包络面之间的区域，各球的球心位于理论正确几何形状的面上 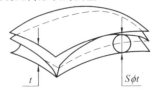	提取（实际）轮廓面必须位于包络一系列球的两包络面之间，各球的直径公差值为 0.02，直球心位于有理论正确几何形状的面上的两包络面之间  （无基准要求）
	公差带是直径等于公差值 t，球心位于由基准平面 A 确定的被测要素，各球的球心位于有理论正确几何形状上的一系列圆球的两包络面所限定的区域 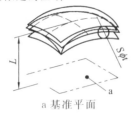 a 基准平面	提取（实际）轮廓面应限定在直径等于0.1、球心位于由基准平面 A 确定的被测要素理论正确几何形状上的一系列圆球的两等距包络面之间 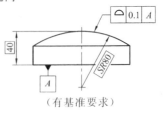 （有基准要求）

3.3.3　方向公差带

方向公差是指关联实际要素对基准在方向上允许的变动量,包括平行度、垂直度、倾斜度三项,它们的被测要素和基准要素都有直线和平面之分。因此,被测要素相对基准要素必须保持图样上给定的 0°、90° 和某一理论正确角度的方向,有面对面、线对面、面对线和线对线等情况。方向公差带的方向固定,位置可以浮动。典型的定向公差带的定义、标注示例和解释如表 3.6 所示。

表 3.6　定向公差带的定义、标注示例和解释

几何特征		公差带定义	标注示例和解释
平行度	面对基准线的平行度公差	公差带为间距等于公差值 t、平行于基准轴线的两平行平面所限定的区域 a 基准轴线	提取(实际)表面应限定在间距等于 0.1、平行于基准轴线 C 的两平行平面之间 // 0.1 C　　C
	线对基准线的平行度公差	若公差值前加注了符号 ϕ,公差带为平行于基准轴线、直径等于公差值 ϕt 的圆柱面所限定的区域 a 基准轴线	提取(实际)中心线应限定在平行于基准轴线 A、直径等于 $\phi 0.03$ 的圆柱面内 // ϕ0.03 A　　A
	线对基准面的平行度公差	公差带为平行于基准平面、间距等于公差值 t 的两平行平面所限定的区域 a 基准平面	提取(实际)中心线应限定在平行于基准平面 B、间距等于 0.01 的两平行平面之间 // 0.01 B　　B

几何特征		公差带定义	标注示例和解释
垂直度	线对基准体系的平行度公差	公差带为间距等于公差值 t、平行于两基准的两平行平面所限定的区域 a 基准轴线 b 基准平面	提取(实际)中心线应限定在间距等于 0.1、平行于基准轴线 A 和基准平面 B 的两平行平面之间
	面对基准平面的垂直度公差	公差带为间距等于公差值 t、垂直于基准平面的两平行平面所限定的区域 a 基准平面	提取(实际)表面应限定在间距等于 0.08、垂直于基准平面 A 的两平行平面之间
	线对基准面的垂直度公差	若公差值前加注符号 ϕ,公差带为直径等于公差值 ϕt、轴线垂直于基准平面的圆柱面所限定的区域 a 基准平面	圆柱面的提取(实际)中心线应限定在直径等于 $\phi 0.01$、垂直于基准平面 A 的圆柱面内

续表二

几何特征		公差带定义	标注示例和解释
倾斜度	线对基准体系的垂直度公差	公差带为间距等于公差值 t 的两平行平面所限定的区域。该两平行平面垂直于基准平面 A，且平行于基准平面 B a 基准平面A b 基准平面B	圆柱面的提取（实际）中心线应限定在间距等于 0.1 的两平行平面之间。该两平行平面垂于基准平面 A，且平行于基准平面 B
	面对基准面的倾斜度公差	公差带为间距等于公差值 t 的两平行平面所限定的区域。该两平行平面按给定角度倾斜于基准平面 a 基准平面	提取（实际）平面应限定在间距等于 0.08 的两平行平面之间。该两平行平面按理论正确角度 40°倾斜于基准平面 A

方向公差的特点：

（1）方向公差带相对于基准有确定的方向，而其位置往往是浮动的。

（2）方向公差带具有综合控制被测要素的方向和形状的能力。如平面的平行度公差可以限制该平面的平面度和直线度误差；轴线的垂直度公差可以控制该轴线的直线度误差。因此，在保证功能要求的前提下，规定了定向公差的要素，一般不再规定形状公差，只有需要对该要素的形状有进一步要求时，才可同时给出形状公差，但其公差数值应小于定向公差值。

3.3.4　位置公差带

位置公差是关联实际要素的位置对基准所允许的变动全量。它包括同轴（同心）度、对称度和位置度、带有基准的线轮廓度和面轮廓度。位置公差一般涉及基准，其公差带的方向和位置通常固定。

同轴度为用于限制轴类零件的被测轴线偏离基准轴线的一项指标。当被测要素为点时，称为同心度。

对称度为用于限制被测要素中心平面（或轴线）偏离基准直线、平面的一项指标。被测要素相对基准要素有线对线、线对面、面对线和面对面等 4 种情况。

位置度为用于限制被测要素（点、线、面）实际位置对其理想位置变动量的一项指标。

根据零件的功能要求，位置度公差可分为给定一个方向、给定相互垂直的两个方向和任意方向三种，后者用得最多。典型的位置公差的公差带的定义、标注示例和解释如表 3.7 所示。

表 3.7　位置公差带的定义、标注示例和解释

项　　目	公差带定义	标注示例和解释
同轴度	公差带是直径为公差值 t 的圆柱面内的区域，该圆柱面的轴线与基准轴线同轴 	大圆柱面的提取中心线应限定在直径为公差值 $\phi0.1$、以基准轴线 A 为轴线的圆柱面内
对称度	公差带是距离为公差值 t，且相对于基准中心平面对称配置的两平行平面之间的区域 	槽的中心面必须位于距离为公差值 0.08，且相对于基准中心平面 A 对称配置的两平行平面之间
位置度	任意方向时，公差值前加注了符号 ϕ，公差带是直径为公差值 t 的圆柱面内的区域。公差带的轴线的位置由相对于三基面体系的理论正确尺寸决定 	ϕD 轴线的位置必须位于直径为公差值 0.1，且相对于基准平面 A、B、C 的理论正确尺寸所确定的理论位置为轴线的圆柱面内

定位公差具有如下特点：

(1) 位置公差带具有确定的位置，其中，位置公差带的位置由理论正确尺寸确定，同轴度和对称度的理论正确尺寸为零，图上可省略不注。

(2) 位置公差带具有综合控制被测要素位置、方向和形状的能力。如平面的位置度公

差，可以控制该平面的平面度误差和相对于基准的方向误差；同轴度公差可以控制被测轴线的直线度误差和相对于基准轴线的平行度误差。在满足需要的前提下，对被测要素给出定位公差后，通常对该要素不再给出定向公差和形状公差。如果需要对方向和形状有进一步要求，那么可另行给出定向公差和形状公差，但其数值应小于定位公差值。

3.3.5　跳动公差带

跳动公差是关联实际要素绕基准轴线回转一周或连续回转时所允许的最大变动量。跳动公差是按特定的测量方法定义的几何公差，测量方法简便。它的被测要素为圆柱面、端平面和圆锥面等组成要素，基准要素为轴线。

跳动是指实际被测要素在无轴向移动的条件下绕基准轴线回转的过程中（回转一周或连续回转），由指示计在给定的测量方向上对其测得的最大与最小示值之差。跳动可分为圆跳动和全跳动。

圆跳动是指实际被测要素在某个测量截面内相对于基准轴线的变动量。测量时被测要素回转一周，而指示计的位置固定。根据测量方向的不同，圆跳动分为径向圆跳动、轴向圆跳动和斜向圆跳动。

全跳动是指整个被测要素相对于基准轴线的变动量。测量时被测要素连续回转且指示计作直线移动。全跳动分为径向全跳动和端面全跳动。典型的跳动公差的定义、标注示例和解释如表 3.8 所示。

表 3.8　跳动公差带的定义、标注示例和解释

项　目	公差带定义	标注示例和解释
圆跳动	公差带是在垂直于基准轴线的任一测量平面内，半径差为公差值 t，且圆心在基准轴线上的两同心圆之间的区域 a 基准轴线 b 横截面	在任一垂直于基准 A 的横截面内，提取（实际）圆应限定在半径等于 0.1、圆心在基准轴线 A 上的两同心圆之间
	公差带是与基准轴线同轴的任一半径位置的测量圆柱面上沿母线方向距离为公差值 t 的两圆之间的区域 a 基准轴线 b 公差带 c 任意直径	在与基准轴线 D 同轴的任一圆柱截面上，提取（实际）圆应限定在轴向距离等于 0.1 的两同心圆之间

项　目	公差带定义	标注示例和解释
圆跳动	公差带是与基准轴线同轴,且母线垂直于被测表面的任一测量圆锥面上,沿母线方向距离为公差值 t 的两圆之间的区域,除特殊规定外,其测量方向是被测面的法线方向 基准轴线 测量圆锥面	在与基准轴线 C 同轴的任一圆锥面上,提取(实际)线应限定在素线方向间距等于 0.1 的两不等圆之间 　0.1　C 当标注公差的素线不是直线时,圆锥截面的锥角要随所测圆的实际位置而改变 　0.1　C
全跳动	公差带是半径差为公差值 t 且与基准轴线同轴的两圆柱面内的区域 基准轴线	提取(实际)表面应限定在半径等于 0.1 与公共基准轴线 $A-B$ 同轴的两圆柱面之间 　0.1　$A-B$
	公差带是半径差为公差值 t 且与基准轴线垂直的两平行面之间的区域 a 基准轴线 b 提取表面	提取(实际)表面应限定在间距等于 0.1 且垂直于基准轴线 D 的两平行平面之间 　0.1　D

跳动公差带的特点:

(1)跳动公差带不仅有形状和大小的要求,还有方向和位置的要求,而且方向和位置是固定的。

(2)跳动公差带在控制被测要素相对于基准位置误差的同时,能够自然地控制被测要素相对于基准的方向误差和被测要素形状误差。

采用跳动公差时，如果所控制被测要素不能满足功能要求，那么可进一步给出相关项目的形位公差，此时，该公差值必须小于跳动公差值。

3.4 公差原则

要素的实际状态是由要素的尺寸和形位误差综合作用的结果，因此在设计和检测时需要明确几何公差与尺寸公差之间的关系。

公差原则是确定几何公差与尺寸公差之间关系的准则。GB/T 4249—2009《产品几何技术规范(GPS)公差原则》规定了确定尺寸(线形尺寸和角度尺寸)公差和形位公差之间相互关系的原则，适用于技术制图和有关文件中的尺寸、形状和位置特征。GB/T 16671—2009《产品几何技术规范(GPS)几何公差　最大实体要求、最小实体要求和可逆要求》用于控制零件导出要素的几何公差与其相应的组成要素的尺寸公差之间的关系。

3.4.1 独立原则

图样上给定的每一个尺寸和形状、位置精度要求均是独立的，应分别满足其要求，此原则称为独立原则。如果对尺寸和形状、尺寸和位置之间的相互关系有特定要求，则应在图样中另加规定。

独立原则是尺寸公差和几何公差之间相互关系的基本原则，它适用于零件的任何要素的线性尺寸公差、角度尺寸公差及几何公差，包括标注的公差和未注的公差，如图 3.20 和图 3.21 所示。同时，独立原则的基本要求还适用于图样中标注的表面粗糙度、表面处理、力学性能及其他特性，如零件图样上标注的几何公差要求，没有标注相关符号，也无相关的文字说明。检验时，其形位公差应按独立原则进行检验，与相应要素的尺寸、表面粗糙度、表面处理等技术均无关系，如图 3.22 所示。

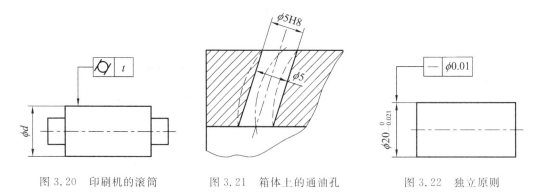

图 3.20　印刷机的滚筒　　　图 3.21　箱体上的通油孔　　　图 3.22　独立原则

独立原则是图样标注中通用的基本概念，可用于零件中全部要素的尺寸公差与几何公差，且在图样上不加任何标注。采用独立原则时，其特点为尺寸公差与几何公差相互无关，各自满足要求。

3.4.2 相关要求

图样上给定的尺寸公差与几何公差相互有关的公差要求称为相关要求。相关要求包括包容要求、最大实体要求(包括可逆要求应用于最大实体要求)和最小实体要求(包括可逆要求应用于最小实体要求)。

1. 有关术语及定义

1)局部实际尺寸

局部实际尺寸指在实际要素的任意正截面上,两对应点之间测得的距离。内表面(孔)的实际尺寸以 D_a 表示,外表面(轴)以 d_a 表示。

2)体外作用尺寸

在被测要素的给定长度上,与实际内表面(孔)体外相接的最大理想面,或与实际外表面(轴)体外相接的最小理想面的直径或宽度,称为体外作用尺寸,通常称为作用尺寸。对于单一被测要素,内表面(孔)的(单一)体外作用尺寸以 D_{fe} 表示,外表面(轴)的(单一)体外作用尺寸以 d_{fe} 表示,如图 3.23 所示。

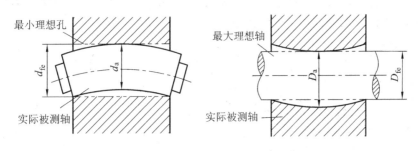

图 3.23　孔与轴的体外作用尺寸

3)体内作用尺寸

在被测要素的给定长度上,与实际内表面(孔)体内相接的最小理想面,或与实际外表面(轴)体内相接的最大理想面的直径或宽度,称为体内作用尺寸。对于单一被测要素,内表面(孔)的(单一)体内作用尺寸以 D_{fi} 表示,外表面(轴)的(单一)体内作用尺寸以 d_{fi} 表示,如图 3.24 所示。

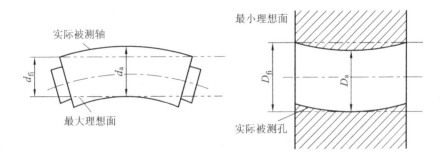

图 3.24　孔与轴的体内作用尺寸

4)最大实体状态与最大实体尺寸

最大实体状态(MMC):实际要素在给定长度上处处位于极限尺寸之间并且实体最大时的状态。

最大实体尺寸(MMS):实际要素在最大实体状态下的极限尺寸。对于内表面为最小极限尺寸,对于外表面为最大极限尺寸,分别用 D_M、d_M 表示,即内表面(孔)$D_M = D_{min}$,外表面（轴）$d_M = d_{max}$。

5）最小实体状态与最小实体尺寸

最小实体状态（LMC）：实际要素在给定长度上处处位于极限尺寸之间并且实体最小时的状态。

最小实体尺寸（LMS）：实际要素在最小实体状态下的极限尺寸。对于内表面为最大极限尺寸，对于外表面为最小极限尺寸，分别用 D_L、d_L 表示，即内表面（孔）$D_L = D_{max}$，外表面（轴）$d_L = d_{min}$。

6）最大实体实效状态与最大实体实效尺寸

最大实体实效状态（MMVC）：在给定长度上，实际要素处于最大实体状态，且其中心要素的形状或位置误差等于给出公差值时的综合极限状态。

最大实体实效尺寸（MMVS）：最大实体实效状态下的体外作用尺寸。对于内表面，用 D_{MV} 表示，为最大实体尺寸减形位公差 t，即 $D_{MV} = D_M - t = D_{min} - t$；对于外表面，用 d_{MV} 表示，为最大实体尺寸加形位公差 t，即 $d_{MV} = d_M + t = d_{max} + t$。

7）最小实体时效状态与最小实体实效尺寸

最小实体实效状态（LMVC）：在给定长度上，实际要素处于最小实体状态，且其中心要素的形状或位置误差等于给出公差值时的综合极限状态。

最小实体实效尺寸（LMVS）：最小实体实效状态下的体外作用尺寸。对于内表面，用 D_{LV} 表示，为最小实体尺寸加形位公差 t，即 $D_{LV} = D_L + t = D_{max} + t$；对于外表面，用 d_{MV} 表示，为最小实体尺寸减形位公差 t，即 $d_{LV} = d_L - t = d_{min} - t$。

8）边界与边界尺寸

边界：由设计给定的具有理想形状的极限包容面。

边界尺寸：极限包容面的直径或距离。当极限包容面为圆柱面时，其边界尺寸为直径；当极限包容面为两平行平面时，其边界尺寸为距离。

最大实体边界（MMB）：具有理想形状且边界尺寸为最大实体尺寸的包容面。

最小实体边界（LMB）：具有理想形状且边界尺寸为最小实体尺寸的包容面。

最大实体实效边界（MMVB）：具有理想形状且边界尺寸为最大实体实效尺寸的包容面。

最小实体实效边界（LMVB）：具有理想形状且边界尺寸为最小实体实效尺寸的包容面。

2. 包容要求

1）含义

包容要求表示实际要素应遵守其最大实体边界，其局部实际尺寸不得超出最小实体尺寸。包容要求适用于单一要素，如圆柱表面或两平行表面。要素的局部实际尺寸不得超出最大和最小极限尺寸，保证配合规定的最小间隙或最大过盈要求，以满足零件的配合性质。当轴孔精度较高或配合要求严格时，采用包容要求是最佳选择。

2）标注

包容要求的单一要素应在图样上在尺寸极限偏差后或公差带代号后加注符号Ⓔ，如图 3.25(a)所示。该圆柱面必须在最大实体边界内，其边界的尺寸为最大实体尺寸 $\phi20$，轴的任一局部实际尺寸都应在极限尺寸 $\phi20 \sim \phi19.987$ 范围内。该轴线的直线度误差值取决于被测要素的局部实际尺寸，其最大值等于尺寸公差 0.013 mm。

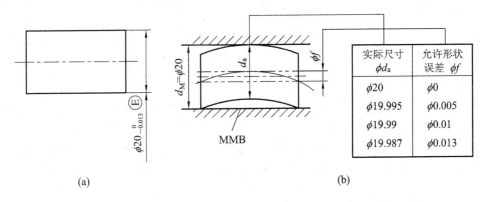

实际尺寸 ϕd_a	允许形状误差 ϕf
$\phi 20$	$\phi 0$
$\phi 19.995$	$\phi 0.005$
$\phi 19.99$	$\phi 0.01$
$\phi 19.987$	$\phi 0.013$

(a)　　　　　　　　　　　　　(b)

图 3.25　包容要求

3）公差解释

按包容原则要求，图样上只给出尺寸公差，但这种公差具有双重职能，即综合控制被测要素的实际尺寸变动量和形状误差的职能。若实际尺寸处处皆为 MMS，则形状误差必须是零，即被测要素应为理想形状。因此，采用包容原则时的尺寸公差总是一部分被实际尺寸占用，余下部分被形状误差占用。

包容原则用于单一要素，主要是为了保证配合性质，特别是配合公差较小的精密配合。用最大实体边界综合控制实际尺寸和形状误差来保证必要的最小间隙（保证能自由装配），用最小实体尺寸控制最大间隙，从而达到所要求的配合性质。如回转轴的轴颈和滑动轴承，滑动套筒和孔、滑块和滑块槽的配合等。

采用包容要求的合格条件为：局部实际尺寸不得超过（对孔不大于，对轴不小于）最小实体尺寸，即

轴：$d_{fe} \leqslant d_M = d_{max}$ 　且　 $d_a \geqslant d_L = d_{min}$

孔：$D_{fe} \geqslant D_M = D_{min}$ 　且　 $D_a \leqslant D_L = D_{max}$

4）实例分析

【例 3.1】　对图 3.25(a) 做出解释。

解　（1）T、t 标注解释。

圆柱表面遵守包容要求，被测轴的尺寸公差 $T_s = 0.013$ mm，$d_M = d_{max} = 20$ mm，$d_L = d_{min} = 19.987$ mm。在最大实体状态下 $\phi 20$ 给定形状公差（轴线的直线度）$t = 0$，当被测要素尺寸偏离最大实体状态的尺寸时，形状公差获得补偿，被测要素尺寸为最小实体状态的尺寸 $\phi 19.987$ 时，形状误差直线度获得补偿最多，此时形状公差轴线的直线度的最大值可以等于尺寸公差 T_s，即 $t_{max} = 0.013$。

（2）动态公差图。T、t 的动态公差图如图 3.26 所示，图形形状为直角三角形。

（3）遵守边界。圆柱表面必须在最大实体边界内，其边界尺寸 $d_M = d_{max} = 20$ mm。

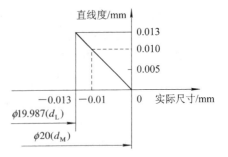

图 3.26　动态公差图

（4）检验与合格条件。对于大批量生产，可采用光滑极限量规检验（用孔型的通规测头模拟被测轴的最大实体边界），其合格条件为

$$d_{fe} \leqslant 20 \text{ mm}, \ d_a \geqslant 19.987 \text{ mm}$$

3. 最大实体要求

1）含义与标注

被测要素的实际轮廓应遵守其最大实体实效边界，当其实际尺寸偏离最大实体尺寸时，允许其形位误差值超出在最大实体状态下给出的公差值，称为最大实体要求（MMR），其符号为"Ⓜ"。当应用于被测要素时，在被测要素形位公差框格中的公差值后标注；当应用于基准要素时，在框格中的基准字母后标注，见图 3.27(a)和图 3.28。

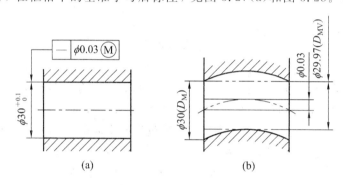

图 3.27　轴线直线度采用最大实体要求

2）公差解释

控制边界为最大实体实效边界，见图 3.27(b)，其局部实际尺寸不得超出尺寸公差的范围，当被测要素的实际轮廓偏离其最大实体状态，即其实际尺寸偏离最大实体尺寸时，形位误差值可以超出在最大实体状态下给出的形位公差值 t_1，此时被测要素的形位公差值可以增大。形位公差值能够增大多少取决于被测要素偏离最大实体状态的程度。形位公差值的最大值为图样上给定的形状公差值与尺寸公差值之和（$t_1 + T$）。

符合最大实体要求的被测要素的合格条件如下：

内表面（孔）：$D_{fe} \geqslant D_{MV} = D_{min} - t_1$ 且 $D_M = D_{min} \leqslant D_a \leqslant D_L = D_{max}$

外表面（轴）：$d_{fe} \leqslant d_{MV} = d_{max} + t_1$ 且 $d_M = d_{max} \geqslant d_a \geqslant d_L = d_{min}$

3）应用范围

最大实体要求主要应用于保证装配互换性，可应用于轴线、中心平面要素的直线度、倾斜度、平行度、垂直度、同轴度、对称度、位置度等公差项目。当满足装配要求（配合要求不高）时可采用最大实体要求，如螺栓孔轴线的平行度等。

（1）最大实体要求用于被测要素。

最大实体要求应用于被测要素时，如图 3.27 所示，被测要素的实际轮廓应遵守其最大实体实效边界，即在给定长度上处处不得超出最大实体实效边界。也就是说，其体外作用尺寸不得超出最大实体实效尺寸，而且，其局部实际尺寸不得超出最大和最小实体尺寸。

（2）最大实体要求用于基准要素。

当最大实体应用于基准要素时，基准要素应遵守相应的边界。当基准要素的实际轮廓偏离其相应的边界，即其体外作用尺寸偏离其相应的边界尺寸时，允许基准要素在一定的

范围内浮动，此时基准要素的浮动改变了被测要素相对于它的位置误差值（如同轴度、位置度误差）。基准要素的浮动范围即为基准要素的体外作用尺寸与其相应边界尺寸之差。

当基准要素本身采用最大实体要求时，基准要素应遵守最大实体实效边界，此时，基准代号应直接标注在形成最大实体实效边界的形位公差框格下面；当基准要素本身不采用最大实体要求，而采用独立原则或包容要求时，基准要素应为最大实体边界，如图 3.28(a)所示为采用独立原则，图（b）所示为采用包容要求，图(c)所示为采用最大实体要求。

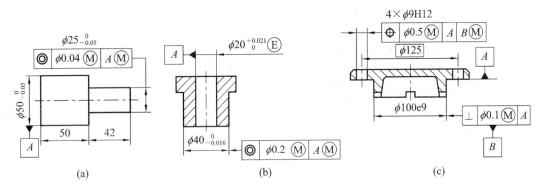

图 3.28　基准（中心要素）适用最大实体要求

（3）零形位公差。

零形位公差是最大实体要求的特殊情况，在零件上的标注标记是在位置公差框格的第二格内，即在位置公差的格内写 0 Ⓜ(ϕ0 Ⓜ)，如图 3.29 所示。此种情况下，被测要素的最大实体实效边界就变成了最大实体边界。对于方向公差而言，最大实体要求的零形位公差比起最大实体要求显然更严格。

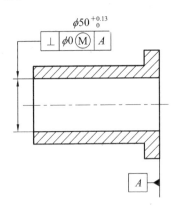

图 3.29　最大实体要求的零形位公差

（4）可逆要求。

可逆要求（RR）是当中心要素的形位误差值小于给出的形位公差值时，允许在满足零件功能要求的前提下扩大尺寸公差。

可逆要求用于最大实体要求时，被测要素的实际轮廓应遵守其最大实体实效边界。当其实际尺寸向最小实体尺寸方向偏离最大实体尺寸时，允许其形位误差值超出在最大实体状态下给出的形位公差值，即形位公差值可以增大。当其形位误差值小于给出的形位公差值时，也允许其实际尺寸超出最大实体尺寸，即尺寸公差值可以增大。因此，也可以称为

"可逆的最大实体要求"。

采用可逆的最大实体要求时，应在被测要素的形位公差框格中的公差值后加注符号"Ⓡ"，如图 3.30(a)所示，图 3.30(b)为最小实体要求与可逆要求。

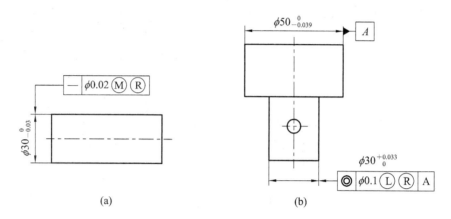

(a)　　　　　　　　　　　(b)

图 3.30　可逆要求

4）应用实例

【例 3.2】　对图 3.31(a)作出解释。

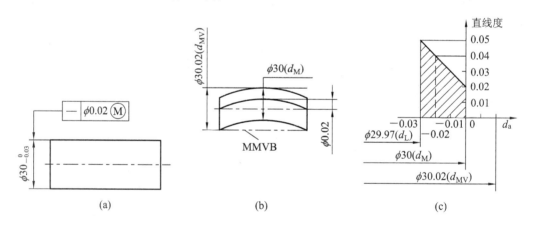

(a)　　　　　　(b)　　　　　　(c)

图 3.31　轴线直线度公差采用最大实体要求

解　（1）T、t 标注解释。

被测轴的尺寸公差为 $T_s = 0.03$ mm，$d_M = d_{max} = 30$ mm，$d_L = d_{min} = 29.97$ mm。当该轴处于最大实体状态时，其轴线的直线度公差为 $t_1 = 0.02$ mm，当轴的实际尺寸偏离最大实体尺寸，即小于最大实体尺寸 $\phi 30$ mm 时，允许其轴线的直线度公差获得补偿；当轴的实际尺寸为最小实体尺寸 $\phi 29.97$ mm 时，形位公差获得的补偿最多，此时，轴线的直线度公差具有最大值，可以等于给定形位公差 t_1 与尺寸公差 T_s 的和，即 $t_{max} = 0.03 + 0.02 = 0.05$ mm。

（2）动态公差图：T、t 的动态公差图如图 3-31(c)所示，图形为具有两直角的梯形。

（3）遵守边界：被测轴遵守最大实体实效边界 MMVB（见图 3.31(b)），其边界尺寸为

$$d_{MV} = d_{max} + t_1 = 30 + 0.02 = 30.02 \text{ mm}$$

（4）合格条件：

$$d_{fe} \leqslant 30.02 \text{ mm}, \quad 29.97 \text{ mm} \leqslant d_a \leqslant 30 \text{ mm}$$

【例 3.3】 对图 3.29 作出解释。

解 （1）T、t 标注解释。

如图 3.29 所示，这是最大实体要求的零形位公差。

被测孔的尺寸公差为 $T_h=0.13$ mm，$D_M=D_{min}=50$ mm，$D_L=D_{max}=50.13$ mm；在最大实体状态下（$\phi50$）给定被测孔轴线的形位公差（垂直度）$t_1=0$，当被测孔的实际尺寸偏离最大实体尺寸时，形位公差获得补偿；当孔的实际尺寸为最小实体尺寸 $\phi50.13$ 时，形位公差获得的补偿最多，此时形位公差（垂直度）具有的最大值可以等于给定形位公差 t_1 与尺寸公差 T_h 之和，即 $t_{max}=0+0.13=0.13$ mm。

（2）动态公差图：T、t 的动态公差图如图 3.32 所示，图形形状为直角三角形，恰好与包容要求的动态公差图形状相同。

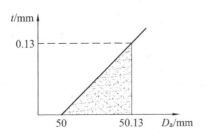

图 3.32　动态公差图（最大实体要求的零形位公差）

（3）遵守边界：被测孔遵守最大实体实效边界 MMVB，其边界尺寸为 $D_{MV}=D_{min}-t_1=50-0=50$ mm，显然这就是最大实体边界（因为给定的 $t_1=0$）。

（4）检验与合格条件：采用位置量规（轴型通规——模拟被测孔的最大实体实效边界）检验被测要素的体外作用尺寸 D_{fe}，采用两点法检验被测要素的实际尺寸 D_a，其合格条件为

$$D_{fe}\geqslant50 \text{ mm}, 50 \text{ mm}\leqslant D_a\leqslant50.13 \text{ mm}$$

【例 3.4】 对图 3.33（a）作出解释。

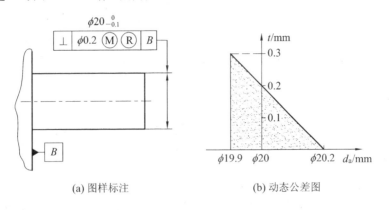

(a) 图样标注　　　　　(b) 动态公差图

图 3.33　可逆要求用于最大实体要求

解 （1）T、t 标注解释。

如图 3.33（a）所示为可逆要求用于最大实体要求的轴线问题。

被测轴的尺寸公差为 $T_s=0.1$ mm，$d_M=d_{min}=20$ mm，$d_L=d_{max}=19.9$ mm；在最大实体状态下（$\phi20$）给定形位公差 $t_1=0.2$ mm，当被测要素尺寸偏离最大实体尺寸时，形位

公差获得补偿，当被测要素尺寸为最小实体状态的尺寸 $\phi19.9$ 时，形位公差获得的补偿最多，此时形位公差具有的最大值可以等于给定形位公差 t_1 与尺寸公差 T_s 之和，即 $t_{max}=0.2+0.1=0.3$ mm。

可逆解释：在被测要素轴的形位公差（轴线垂直度）小于给定形位公差的条件下，$f_\perp$ 被测要素的尺寸误差可以超差，即被测要素轴的实际尺寸可以超出极限尺寸 $\phi20$，但不可以超出所遵守的边界（最大实体实效边界）尺寸 $\phi20.2$。图 3.33(b) 中横轴的 $\phi20\sim\phi20.2$ 为尺寸误差可以超差的范围（或称可逆范围）。

（2）动态公差图：T、t 的动态公差图如图 3.33(b) 所示，图形形状为三角形。

（3）遵守边界：遵守最大实体实效边界 MMVB，其边界尺寸为

$$d_{MV}=d_{min}+t_1=20+0.2=20.2 \text{ mm}$$

（4）检验与合格条件：采用位置量规（孔型通规——模拟被测轴的最大实体实效边界）检验被测要素的体外作用尺寸 d_{fe}，采用两点法检验被测要素的实际尺寸 d_a，其合格条件为

$$d_{fe}\leqslant20.2 \text{ mm}，19.9 \text{ mm}\leqslant d_a\leqslant20 \text{ mm}$$

当 $f_\perp<0.2$ mm 时，$19.9 \text{ mm}\leqslant d_a\leqslant20.2 \text{ mm}$。

4. 最小实体要求（LMR）

1）含义与标注

被测要素的实际轮廓应遵守其最小实体实效边界，当其实际尺寸偏离最小实体尺寸时，允许其形位误差值超出最小实体状态下的公差值，称为最小实体要求。最小实体要求的符号为"Ⓛ"，当应用于被测要素时，如图 3.34 所示，应在被测要素形位公差框格中的公差值后标注符号"Ⓛ"；当最小实体要求应用于基准中心要素时，应在被测要素的形位公差框格内相应的基准字母代号后标注符号"Ⓛ"。

2）应用范围与公差解释

（1）最小实体要求应用于被测要素。

最小实体要求应用于被测要素时，被测要素的实际轮廓在给定的长度上处处不得超出最小实体实效边界，即其体内作用尺寸不应超出最小实体实效尺寸，其局部实际尺寸不得超出最大和最小实体尺寸。当被测要素的实际轮廓偏离其最小实体状态，即其实际尺寸偏离最小实体尺寸时，形位误差值可以超出最小实体状态下给出的形位公差值，即此时的形位公差值可以增大。

符合最小实体要求的被测要素的合格条件如下：

内表面（孔）：$D_{fi}\leqslant D_{LV}$ 且 $D_M=D_{min}\leqslant D_a\leqslant D_L=D_{max}$

外表面（轴）：$d_{fi}\geqslant d_{LV}$ 且 $d_m=d_{max}\geqslant d_a\geqslant d_L=d_{min}$

（2）最小实体要求应用于基准要素。

最小实体要求应用于基准要素时，基准要素应遵守相应的边界，若基准要素的实际轮廓偏离相应的边界，即其体内作用尺寸偏离相应边界尺寸，则允许基准要素在一定范围内浮动，其浮动范围等于基准要素的体内作用尺寸与相应边界尺寸之差。

基准要素本身采用最小实体要求时，相应的边界为最小实体实效边界。此时，基准代号应直接标注在形成该最小实体实效边界的形位公差框格下面。基准要素本身不采用最小实体要求时，相应的边界为最小实体边界。

（3）零形位公差。

当给出的形位公差为零时为零形位公差。此时，被测要素的最小实体实效边界等于最小实体边界，最小实体实效尺寸等于最小实体尺寸，并以"0 ⓛ"表示。

（4）可逆要求应用于最小实体要求。

采用可逆的最小实体要求，应在被测要素的形位公差框格中的公差值后加注符号"ⓛ"。在不影响零件功能的前提下，位置公差可以反过来补给尺寸公差，即位置公差有富余的情况下，允许尺寸误差超过给定的尺寸公差。

3）应用实例

【例 3.5】 最小实体要求的实例分析，对图 3.34(a)作出解释。

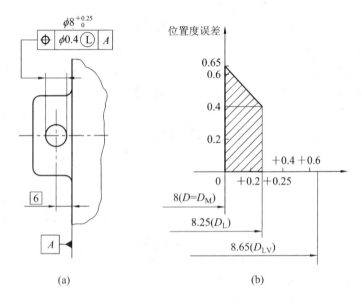

图 3.34 最小实体要求

解 （1）T、t 标注解释。

被测孔的尺寸公差为 $T_h = 0.25$ mm，$D_M = D_{\min} = 8.0$ mm，$D_L = D_{\max} = 8.25$ mm。

在最小实体状态下给定位置公差（位置度）$t_1 = 0.4$ mm，当被测要素尺寸（孔）偏离最小实体尺寸 8.0 mm 时，位置公差位置度获得补偿；当被测要素尺寸为最大实体状态的尺寸 8.25 mm 时，位置公差位置度获得的补偿最多。此时形位公差具有的最大值可以等于给定形位公差 t_1 与尺寸公差 T_h 之和，即 $t_{\max} = 0.25 + 0.4 = 0.65$ mm。

（2）动态公差图：T、t 的动态公差图如图 3.34(b)所示，图形形状为具有两直角的梯形。

（3）遵守边界：遵守最小实体实效边界 LMVB，其边界尺寸为

$$D_{LV} = D_{\max} + t_1 = 8.25 + 0.4 = 8.65 \text{ mm}$$

（4）合格条件：被测要素的体内作用尺寸 D_{fi} 和局部实际尺寸 D_a 的合格条件为

$$D_{fi} \leqslant 8.65 \text{ mm}, \quad 8.0 \text{ mm} \leqslant D_a \leqslant 8.25 \text{ mm}$$

3.5 几何公差的选择

零件的形位误差对机器、仪器的正常使用有很大的影响，同时也会直接影响到产品质

量、生产效率与制造成本。因此，正确合理地选择几何公差对保证机器的功能要求、提高经济效益十分重要。几何公差的选择包括以下内容：几何公差项目的选择、基准要素的选择、公差原则的选择和公差数值的选择。

绘制零件图并确定该零件的几何精度时，对于那些对几何精度有特殊要求的要素，应在图样上注出它们的几何公差。一般来说，零件上对几何精度有特殊要求的要素只占少数，而零件上对几何精度没有特殊要求的要素占大多数，它们的几何精度用一般加工工艺就能达到，其几何公差值按 GB/T 1184—1996 执行，因而在图样上不必单独注出它们的形位公差，以简化图样标注。当几何公差值大于或小于未注公差值时，应按规定在图样上明确标注。

3.5.1 几何公差项目的选择

几何公差项目的选择主要从被测要素的几何特征、功能要求、检测的方便性和特征项目本身的特点等几个方面来考虑。

（1）零件的几何特征。几何公差项目主要是按要素的几何形状特征制定的，因此要素的几何特征自然是选择单一要素公差项目的基本依据。例如，控制平面的形状误差应选择平面度，控制导轨导向面的形状误差应选择直线度，控制圆柱面的形状误差应选择圆度或圆柱度等。

位置公差项目是按要素间几何方位关系制定的，所以关联要素的公差项目应以它与基准间的几何方位关系为基本依据。对线（轴线）、面可规定定向和定位公差，对点只能规定位置度公差，只有回转零件才规定同轴度公差和跳动公差。

（2）零件的使用要求。零件的功能要求不同对几何公差应提出不同的要求，所以应分析形位误差对零件使用性能的影响。一般说来，平面的形状误差将影响支承面安置的平稳性和定位可靠性，影响贴合面的密封性和滑动面的磨损；导轨面的形状误差将影响导向精度；圆柱面的形状误差将影响定位配合的连接强度和可靠性，影响转动配合的间隙均匀性和运动平稳性；轮廓表面或中心要素的位置误差将直接决定机器的装配精度和运动精度，如齿轮箱体上两孔轴线不平行将影响齿轮副的接触精度，降低承载能力；滚动轴承的定位轴肩与轴线不垂直将影响轴承旋转时的精度等。

（3）检测的方便性。为了检测方便，有时可将所需的公差项目用控制效果相同或相近的公差项目来代替。例如，要素为一圆柱面时，圆柱度是理想的项目，因为它综合控制了圆柱面的各种形状误差，但是由于圆柱度检测不便，因此选用圆度、直线度几个分项，或者选用径向跳动公差等进行控制。又如，径向圆跳动可综合控制圆度和同轴度误差，而径向圆跳动误差的检测简单易行，所以，在不影响设计要求的前提下，尽量选用径向圆跳动公差项目。同样可近似地用端面圆跳动代替端面对轴线的垂直度公差要求。端面全跳动的公差带和端面对轴线的垂直度的公差带完全相同，可互相取代。

另外，确定几何公差项目还应参照有关专业标准的规定。例如，与滚动轴承相配合孔、轴的形位公差项目，在滚动轴承标准中已有规定；单键、花键、齿轮等标准对有关形位公差也都有相应要求和规定。

3.5.2 基准的选择

基准是确定关联要素间方向和位置的依据，合理选择基准才能保证零件的功能要求和工艺性及经济性。在选择公差项目时，必须同时考虑要采用的基准。基准有单一基准、组合基准及多基准几种形式。选择基准时，一般从如下几方面考虑：

（1）根据要素的功能及对被测要素间的几何关系来选择基准。如轴类零件，常以两个轴承为支承运转，其运动轴线是安装轴承的两轴颈公共轴线。因此，从功能要求和控制其他要素的位置精度来看，应选这两处轴颈的公共轴线（组合基准）为基准。

（2）根据装配关系应选零件上相互配合、相互接触的定位要素作为各自的基准。如盘、套类零件多以其内孔轴线径向定位装配或以其端面轴向定位，因此根据需要可选其轴线或端面作为基准。

（3）从零件结构考虑，应选较宽大的平面、较长的轴线作为基准，以使定位稳定。对结构复杂的零件，一般应选三个基准面，以确定被测要素在空间的方向和位置。

（4）从加工检测方面考虑，应选择在加工、检测中方便装夹定位的要素为基准。

3.5.3 几何公差值的选择

几何公差值决定了几何公差带的宽度或直径，是控制零件制造精度的直接指标。应合理确定几何公差值，以保证产品功能，提高产品质量，降低制造成本。几何公差值选用的原则是，在满足零件功能要求的前提下，应该尽可能选用较低的公差等级，并考虑加工的经济性、结构及刚性等具体问题。

1. 公差数值

按国家标准的规定，对 14 项形位公差，除线、面轮廓度及位置未规定公差等级外，其余项目均有规定。其中，直线度、平面度、平行度、垂直度、圆柱倾斜度、同轴度、对称度、圆跳动、全跳动划分为 12 级，即 1～12 级，1 级精度最高，12 级精度最低；圆度、圆柱度划分为 13 级，即 0～12 级，最高级为 0 级，详见表 3.9～表 3.13。

表 3.9 直线度、平面度的公差值

主参数 L/mm	公差等级											
	1	2	3	4	5	6	7	8	9	10	11	12
	公差值/μm											
≤10	0.2	0.4	0.8	1.2	2	3	5	8	12	20	30	60
>10～16	0.25	0.5	1	1.5	2.5	4	6	10	15	25	40	80
>16～25	0.3	0.6	1.2	2	3	5	8	12	20	30	50	100
>25～40	0.4	0.8	1.5	2.5	4	6	10	15	25	40	60	120
>40～63	0.5	1	2	3	5	8	12	20	30	50	80	150
>63～100	0.6	1.2	2.5	4	6	10	15	25	40	60	100	200
>100～160	0.8	1.5	3	5	8	12	20	30	50	80	120	250
>160～250	1	2	4	6	10	15	25	40	60	100	150	300
>250～400	1.2	2.5	5	8	12	20	30	50	80	120	200	400
>400～630	1.5	3	6	10	15	25	40	60	100	150	250	500
>630～1000	2	4	8	12	20	30	50	80	120	200	300	600

表 3.10　圆度、圆柱度的公差值

主参数 d(D)/mm	公差等级												
	0	1	2	3	4	5	6	7	8	9	10	11	12
	公差值/μm												
≤3	0.1	0.2	0.3	0.5	0.8	1.2	2	3	4	6	10	14	25
>3～6	0.1	0.2	0.4	0.6	1	1.5	2.5	4	5	8	12	18	30
>6～10	0.12	0.25	0.4	0.6	1	1.5	2.5	4	6	9	15	22	36
>10～18	0.15	0.25	0.5	0.8	1.2	2	3	5	8	11	18	27	43
>18～30	0.2	0.3	0.6	1	1.5	2.5	4	6	9	13	21	33	52
>30～50	0.25	0.4	0.6	1	1.5	2.5	4	7	11	16	25	39	62
>50～80	0.3	0.5	0.8	1.2	2	3	5	8	13	19	30	46	74
>80～120	0.4	0.6	1	1.5	1.5	4	6	10	15	22	35	54	87
>120～180	0.6	1	1.2	2	3.5	5	8	12	18	25	40	63	100
>180～250	0.8	1.2	2	3	4.5	7	10	14	20	29	46	72	115
>250～315	1.0	1.6	2.5	4	6	8	12	16	23	32	52	81	130
>315～400	1.2	2	3	5	7	9	13	18	25	36	57	89	140
>400～500	1.5	2.5	5	6	8	10	15	20	27	40	63	97	155

表 3.11　平行度、垂直度、倾斜度的公差值

主参数 L、d(D)/mm	公差等级											
	1	2	3	4	5	6	7	8	9	10	11	12
	公差值/μm											
≤10	0.4	0.8	1.5	3	5	8	12	20	30	50	80	120
>10～16	0.5	1	2	4	6	10	15	25	40	60	100	150
>16～25	0.6	1.2	2.5	5	8	12	20	30	50	80	120	200
>25～40	0.8	1.5	3	6	10	15	25	40	60	100	150	250
>40～63	1	2	4	8	12	20	30	50	80	120	200	300
>63～100	1.2	2.5	5	10	15	25	40	60	100	150	250	400
>100～160	1.5	3	6	12	20	30	50	80	120	200	300	500
>160～250	2	4	8	15	25	40	60	100	150	250	400	600
>250～400	2.5	5	10	20	30	50	80	120	200	300	500	800
>400～630	3	6	12	25	40	60	100	150	250	400	600	1000
>630～1000	4	8	15	30	50	80	120	200	300	500	800	1200

表 3 - 12　同轴度、对称度、圆跳动和全跳动的公差值

主参数 d(D)、B、L/mm	公差等级											
	1	2	3	4	5	6	7	8	9	10	11	12
	公差值/μm											
≤1	0.4	0.6	1.0	1.5	2.5	4	6	10	15	25	40	60
>1~3	0.4	0.6	1.0	1.5	2.5	4	6	10	20	40	60	120
>3~6	0.5	0.8	1.2	2	3	5	8	12	25	50	80	150
>6~10	0.6	1	1.5	2.5	4	6	10	15	30	60	100	200
>10~18	0.8	1.2	2	3	5	8	12	20	40	80	120	250
>18~30	1	1.5	2.5	4	6	10	15	25	50	100	150	300
>30~50	1.2	2	3	5	8	12	20	30	60	120	200	400
>50~120	1.5	2.5	4	6	10	15	25	40	80	150	250	500
>120~250	2	3	5	8	12	20	30	50	100	200	300	600
>250~500	2.5	4	6	10	15	25	40	60	120	250	400	800

表 3.13　位置度的公差值数系

优先	1	1.2	1.6	2	2.5	3	4	5	6	8
数系	1×10^n	1.2×10^n	1.6×10^n	2×10^n	2.5×10^n	3×10^n	4×10^n	5×10^n	6×10^n	8×10^n

注：n 为正整数。

2. 公差值的确定方法

在满足零件功能的前提下，选取最经济的公差值，根据零件的功能要求，考虑加工的经济性和零件的结构、刚性，按类比法确定形位公差值时，应考虑以下几个方面。

（1）几何公差各项目数值大小关系如下：

① 形状公差、方向公差、位置公差的关系：同一要素上给定的形状公差值应小于方向公差值，方向公差值应小于位置公差值（$t_{形状} < t_{方向} < t_{位置}$）。如同一平面上，平面度公差值应小于该平面对基准平面的平行度公差值。

② 几何公差和尺寸公差的关系：圆柱形零件的形状公差一般情况下应小于其尺寸公差值；线对线或面对面的平行度公差值应小于其相应距离的尺寸公差值。圆度、圆柱度公差值约为同级尺寸公差的 50%，因而一般可按同级选取。例如，尺寸公差为 IT6，则圆度、圆柱度公差通常也选 6 级，必要时也可比尺寸公差等级高 1~2 级。

③ 几何公差与表面粗糙度的关系：通常表面粗糙度的 Ra 值可约占形状公差值的 20%~25%。

（2）在满足功能要求的前提下，考虑加工的难易程度、测量条件等，应适当降低几何公差 1~2 级选用，包括：① 孔相对于轴；② 细长且比较大的轴或孔；③ 距离较大的两轴或两孔；④ 宽度较大（一般大于 1/2 长度）的零件矩形表面；⑤ 线对线和线对面的平行度、垂直度公差相对于面对面的平行度、垂直度公差。

（3）确定与标准件相配合的零件几何公差值，不但要考虑几何公差国家标准的规定，

还应遵守有关国家标准的规定。

表 3.14～表 3.17 列出了各种几何公差等级的应用举例，可供类比时参考。

表 3.14　直线度、平面度公差等级应用

公差等级	应 用 举 例
1、2	用于精密量具、测量仪器以及精度要求高的精密机械零件，如量块、零级样板、平尺、零级宽平尺、工具显微镜等精密量仪的导轨面等
3	1 级宽平尺的工作面，1 级样板平尺的工作面，测量仪器圆弧导轨的直线度，量仪的测杆等
4	零级平板，测量仪器的 V 型导轨，高精度平面磨床的 V 型导轨和滚动导轨等
5	1 级平板，2 级宽平尺，平面磨床的导轨、工作台，液压龙门刨床导轨面，柴油机进气、排气阀门导杆等
6	普通机床导轨面，柴油机机体结合面等
7	2 级平板，机床主轴箱结合面，液压泵盖、减速器壳体结合面等
8	机床传动箱体、挂轮箱体、溜板箱体，柴油机汽缸体，连杆分离面，缸盖结合面，汽车发动机缸盖，曲轴箱结合面，液压管件和法兰连接面等
9	自动车床床身底面，摩托车曲轴箱体，汽车变速箱壳体，手动机械的支承面等

表 3.15　圆度、圆柱度公差等级应用

公差等级	应 用 举 例
0、1	高精度量仪主轴，高精度机床主轴，滚动轴承的滚珠和滚柱等
2	精密量仪主轴、外套、阀套高压油泵柱塞及套，纺锭轴承，高速柴油机进、排气门，精密机床主轴轴颈，针阀圆柱表面，喷油泵柱塞及柱塞套等
3	高精度外圆磨床轴承，磨床砂轮主轴套筒，喷油嘴针，阀体，高精度轴承内外圈等
4	较精密机床主轴、主轴箱孔，高压阀门，活塞，活塞销，阀体孔，高压油泵柱塞，较高精度滚动轴承配合轴，铣削动力头箱体孔等
5	一般计量仪器主轴、测杆外圆柱面，陀螺仪轴颈，一般机床主轴轴颈及轴承孔，柴油机、汽油机的活塞、活塞销，与 P6 级滚动轴承配合的轴颈等
6	一般机床主轴及前轴承孔，泵、压缩机的活塞、汽缸，汽油发动机凸轮轴，纺机锭子，减速传动轴轴颈，高速船用发动机曲轴、拖拉机曲轴主轴颈，与 P6 级滚动轴承配合的外壳孔，与 P0 级滚动轴承配合的轴颈等
7	大功率低速柴油机曲轴轴颈、活塞、活塞销、连杆、汽缸，高速柴油机箱体轴承孔，千斤顶或压力油缸活塞，机车传动轴，水泵及通用减速器转轴轴颈，与 P0 级滚动轴承配合的外壳孔等
8	低速发动机、大功率曲柄轴轴颈，压气机连杆盖、体，拖拉机汽缸、活塞，炼胶机冷铸轴辊，印刷机传墨辊，内燃机曲轴轴颈，柴油机凸轮轴承孔，凸轮轴，拖拉机、小型船用柴油机汽缸套等
9	空气压缩机缸体，液压传动筒，通用机械杠杆与拉杆用套筒销子，拖拉机活塞环、套筒孔

表 3.16　平行度、垂直度、倾斜度公差等级应用

公差等级	应 用 举 例
1	高精度机床、测量仪器、量具等主要工作面和基准面等
2、3	精密机床、测量仪器、量具、模具的工作面和基准面，精密机床的导轨，重要箱体主轴孔对基准面的要求，精密机床主轴轴肩端面，滚动轴承座圈端面，普通机床的主要导轨，精密刀具的工作面和基准面等
4、5	普通机床导轨，重要支承面，机床主轴孔对基准的平行度，精密机床重要零件，计量仪器、量具、模具的工作面和基准面，床头箱体重要孔，通用减速器壳体孔，齿轮泵的油孔端面，发动机轴和离合器的凸缘，汽缸支承端面，安装精密滚动轴承体孔的凸肩等
6、7、8	一般机床的工作面和基准面，压力机和锻锤的工作面，中等精度钻模的工作面，机床一般轴承孔对基准的平行度，变速器箱体孔，主轴花键对定心直径部位轴线的平行度，重型机械轴承盖端面，卷扬机、手动传动装置中的传动轴，一般导轨、主轴箱体孔，刀架，砂轮架，汽缸配合面对基准轴线，活塞销孔对活塞中心线的垂直度，滚动轴承内、外圈端面对轴线的垂直度等
9、10	低精度零件，重型机械滚动轴承端盖，柴油机、煤气发动机箱体曲轴孔、曲轴颈、花键轴和轴肩端面，皮带运输机法兰盘等端面对轴线的垂直度，手动卷扬机及传动装置中的轴承端面，减速器壳体平面等

表 3.17　同轴度、对称度、跳动公差等级应用

公差等级	应 用 举 例
1、2	精密测量仪器的主轴和顶尖，柴油机喷油嘴针阀等
3、4	机床主轴轴颈，砂轮轴轴颈，汽轮机主轴，测量仪器的小齿轮轴，安装高精度齿轮的轴颈等
5	机床轴颈，机床主轴箱孔，套筒，测量仪器的测量杆，轴承座孔，汽轮机主轴，柱塞油泵转子，高精度轴承外圈，一般精度轴承内圈等
6、7	内燃机曲轴，凸轮轴轴颈，柴油机机体主轴承孔，水泵轴，油泵柱塞，汽车后桥输出轴，安装一般精度齿轮的轴颈，涡轮盘，测量仪器杠杆轴，电机转子，普通滚动轴承内圈，印刷机传墨辊的轴颈，键槽等
8、9	内燃机凸轮轴孔，连杆小端铜套，齿轮轴，水泵叶轮，离心泵体，汽缸套外径配合面对内径工作面，运输机械滚筒表面，压缩机十字头，安装低精度齿轮用轴颈，棉花精梳机前后滚子，自行车中轴等

3.5.4　公差原则的选择

选择公差原则和公差要求时，应根据被测要素的功能要求、各公差原则的应用场合、可行性和经济性等方面来考虑，表 3.18 列出了几种公差原则和要求的应用场合和示例，可供选择时参考。

表 3.18　公差原则和公差要求选择示例

公差原则	应用场合	示　　　例
独立原则	尺寸精度与几何精度需要分别满足要求	齿轮箱体孔的尺寸精度与两孔轴线的平行度；连杆活塞销孔的尺寸精度与圆柱度；滚动轴承内、外圈滚道的尺寸精度与形状精度
	尺寸精度与几何精度要求相差较大	滚筒类零件尺寸精度要求很低，形状精度要求较高；平板的尺寸精度要求不高，形状精度要求很高；通油孔的尺寸有一定精度要求，形状精度无要求
	尺寸精度与几何精度无联系	滚子链条的套筒或滚子内、外圆柱面的轴线同轴度与尺寸精度；发动机连杆上的尺寸精度与孔轴线间的位置精度
	保证运动精度	导轨的形状精度要求严格，尺寸精度一般
	保证密封性	汽缸的形状精度要求严格，尺寸精度一般
	未注公差	凡未注尺寸公差与未注形位公差都采用独立原则，如退刀槽、倒角、圆角等非功能要素
包容要求	保证国标规定的配合性质	如 $\phi30H7$ 孔与 $\phi30h6$ 轴的配合，可以保证配合的最小间隙等于零
	尺寸公差与几何公差间无严格比例关系要求	一般的孔与轴配合，只要求作用尺寸不超越最大实体尺寸，局部实际尺寸不超越最小实体尺寸
最大实体要求	保证关联作用尺寸不超越最大实体尺寸	关联要素的孔与轴有配合性质要求，在公差框格的第二格标注
	保证可装配性	如轴承盖上用于穿过螺钉的通孔，法兰盘上用于穿过螺栓的通孔
最小实体要求	保证零件强度和最小壁厚	如孔组轴线的任意方向位置度公差，采用最小实体要求可保证孔组间的最小壁厚
可逆要求	与最大（最小）实体要求联用	能充分利用公差带，扩大被测要素实际尺寸的变动范围，在不影响使用性能要求的前提下可以选用

3.6　几何公差未注公差值的规定

　　GB/T 1184—1996 规定的几何公差未注公差值，符合采用常用设备加工制造即能保证的精度等级。图样中零件的许多要素的几何公差值采用未注公差值即可满足要求。未注公差不需要在图样上标注。由于功能的要求，零件上的某些要素的公差值低于或者高于未注公差值，能给工厂的加工带来经济效益时，应按 GB/T 1184—1996 规定，在图样中用框格给出几何公差要求。

　　为了简化图样，对一般机床加工能保证的形位精度，不必在图样上注出几何公差。图样上没有具体注明几何公差值的要素，其几何精度应按下列规定执行。

（1）对未注直线度、平面度、垂直度、对称度和圆跳动各规定了 H、K、L 三个公差等级，其公差值如表 3.19～表 3.22 所示。采用规定的未注公差值时，应在标题栏附件或技术要求中注出公差等级代号及标准编号，如"GB/T 1184—H"。

表 3.19　直线度和平面度未注公差值

| 公差等级 | 基 本 长 度 范 围/mm | | | | | |
	≤10	>10～30	>30～100	>100～300	>300～1000	>1000～3000
H	0.02	0.05	0.1	0.2	0.3	0.4
K	0.05	0.1	0.2	0.4	0.6	0.8
L	0.1	0.2	0.4	0.8	1.2	1.6

表 3.20　垂直度未注公差值

| 公差等级 | 基 本 长 度 范 围/mm | | | |
	≤100	>100～300	>300～1000	>1000～3000
H	0.2	0.3	0.4	0.5
K	0.4	0.6	0.8	1
L	0.6	1	1.5	2

表 3.21　对称度未注公差值

| 公差等级 | 基 本 长 度 范 围/mm | | | |
	≤100	>100～300	>300～1000	>1000～3000
H	0.5	0.5	0.5	0.5
K	0.6	0.6	0.8	1
L	0.6	1	1.5	2

表 3.22　圆跳动未注公差值

公差等级	公 差 值/mm
H	0.1
K	0.2
L	0.5

（2）未注圆度公差值等于直径公差值，但不能大于表 3.12 中的径向圆跳动值。

（3）未注圆柱度公差由圆度、直线度和素线平行度的注出公差或未注公差控制。

（4）未注平行度公差值等于尺寸公差值或直线度和平面度未注公差值中的较大者。

（5）未注同轴度的公差值可以和表 3.22 中规定的圆跳动未注公差值相等。

（6）未注线、面轮廓度，倾斜度，位置度和全跳动的公差值均应由各要素的注出或未注线性尺寸公差或角度公差控制。

复 习 与 思 考

1. 试述几何公差带与尺寸公差带的异同点。

2. 几何公差规定了哪些项目？其特征符号是什么？

3. 什么是组成要素和导出要素？

4. 什么叫实效尺寸？它与作用尺寸有何关系？

5. 理论正确尺寸是什么？在图样上如何表示？在几何公差中起什么作用？

6. 选择题

（1）最大实体尺寸是＿＿＿＿＿＿的统称。

A. 孔的最小极限尺寸和轴的最小极限尺寸

B. 孔的最大极限尺寸和轴的最大极限尺寸

C. 轴的最小极限尺寸和孔的最大极限尺寸

D. 轴的最大极限尺寸和孔的最小极限尺寸

（2）作用尺寸是存在于＿＿＿＿＿＿，某一实际轴或孔的作用尺寸是唯一的。

A. 实际轴或孔上的理想参数   B. 理想轴或孔上的实际参数

C. 实际轴或孔上的实际参数   D. 理想轴或孔上的理想参数

（3）径向全跳动公差带与＿＿＿公差带形状相同。

A. 圆度   B. 圆柱度

C. 圆柱轴线任意方向的直线度   D. 同轴度

（4）当形位公差框格的指引线箭头与直径尺寸对齐时，所表示的被测要素是＿＿＿。

A. 轮廓要素   B. 中心要素   C. 基准要素

（5）尺寸公差和几何公差不能互相补偿的原则或要求是＿＿＿。

A. 独立原则   B. 最大实体要求   C. 包容要求

（6）设计时几何公差值选择的原则是＿＿＿。

A. 在满足零件功能要求的前提下选择最经济的公差值

B. 公差值越小越好，因为能更好地满足使用功能要求

C. 公差值越大越好，因为可降低加工成本

D. 尽量多地采用未注公差

（7）下列公差带形状相同的有＿＿＿。

A. 轴线对轴线的平行度与面对面的平行度   B. 径向圆跳动与圆度

C. 同轴度与径向全跳动   D. 轴线对面的垂直度与轴线对面的倾斜度

E. 轴线的直线度与导轨的直线度

（8）某实际被测轴线相对于基准轴线的最近点距离为 0.04 mm，最远点距离为 0.08 mm，则该实际被测轴线对基准轴线的同轴度误差为 ＿＿＿。

A. 0.04 mm   B. 0.08 mm   C. 0.12 mm   D. 0.16 mm

（9）公差原则是指＿＿＿。

A. 确定公差值大小的原则   B. 制定公差与配合标准的原则

C. 形状公差与位置公差的关系   D. 尺寸公差与几何公差的关系

（10）几何公差的基准代号的字母 ＿＿＿ 。

A. 按垂直方向书写　　　　　　　　　B. 按水平方向书写

C. 书写方向应和基准符号的方向一致　　D. 按任一方向书写均可

7. 如图 3.35 所示，被测要素采用的公差原则是＿＿＿＿，最大实体尺寸是＿＿＿＿mm，最小实体尺寸是＿＿＿＿mm，实效尺寸是＿＿＿＿mm，垂直度公差给定值是＿＿＿＿mm，垂直度公差最大补偿值是＿＿＿＿mm。设孔的横截面形状正确，当孔实际尺寸处处都为 $\phi 60$ 时，垂直度公差允许值是＿＿＿＿mm，当孔实际尺寸处处都为 $\phi 60.10$ 时，垂直度公差允许值是＿＿＿＿mm。

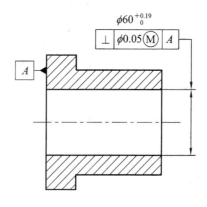

图 3.35　轴套

8. 试根据图 3.36 填写表 3.23。

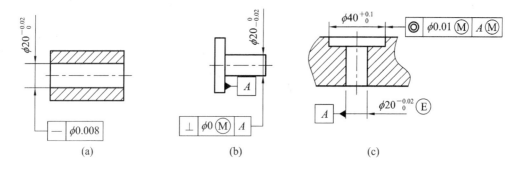

(a)　　　　　　　　(b)　　　　　　　　(c)

图 3.36　公差原则或公差要求的标注

表 3.23　公差原则或公差要求的内容

图例	采用公差原则	边界及边界尺寸	给定的形位公差值	可能允许的最大形位误差值
(a)				
(b)				
(c)				

9. 将下列技术要求标注在图 3.37 上。

（1）圆锥面 a 的圆度公差为 0.008 mm。

（2）圆锥面 a 对孔轴线的斜向圆跳动公差为 0.015 mm。

（3）基准孔轴线 b 的直线度公差为 0.005 mm。

（4）基准孔的圆柱度公差为 0.01 mm。

（5）端面 d 对基准孔轴线 b 的端面全跳动公差为 0.03 mm。

（6）端面 e 对端面 d 的平行度公差为 0.04 mm。

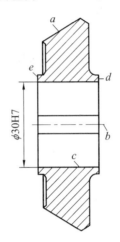

图 3.37　位置公差的标注

10. 将下列技术要求标注在图 3.38 上。

（1）圆锥面的圆度公差为 0.01 mm，圆锥素线直线度公差为 0.02 mm。

（2）圆锥轴线对 ϕd_1 和 ϕd_2 两圆柱面公共轴线的同轴度为 0.05 mm。

（3）端面 I 对 ϕd_1 和 ϕd_2 两圆柱面公共轴线的端面圆跳动公差为 0.03 mm。

（4）ϕd_1 和 ϕd_2 圆柱面的圆柱度公差分别为 0.008 mm 和 0.006 mm。

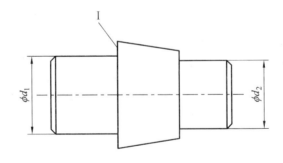

图 3.38　加工件

第 4 章　表 面 结 构

在机械加工过程中,由于刀具或砂轮切削后遗留的刀痕、切削过程中切屑分离时的塑性变形,以及机床的振动等原因,会使被加工零件的表面存在一定的几何形状误差。为了保证和提高产品的质量,促进互换性生产,适应国际交流和对外贸易,我国等效采用 ISO 有关标准,制定了表面粗糙度的相关标准,并多次进行修改,本章以 GB/T 3505—2009《产品几何技术规范(GPS)表面结构　轮廓法　术语、定义及表面结构参数》为例介绍表面粗糙度的相关内容。其他相关标准还有 GB/T 1031—2009《产品几何技术规范(GPS)表面结构　轮廓法　表面粗糙度参数及其数值》、GB/T 131—2006《产品几何技术规范(GPS)技术产品文件中表面结构的表示法》、GB/T 10610—2009《产品几何技术规范　表面结构　轮廓法　评定表面结构的规则和方法》等。

4.1　概　　述

表面结构是指零件表面的几何形貌,包括粗糙度、波纹度和原始轮廓。经过加工后的机器零件,其表面状态是比较复杂的。表面的实际轮廓是指平面与实际表面垂直相交所得的轮廓线。按照所取截面方向的不同,又可分为横向实际轮廓和纵向实际轮廓。在评定或测量表面粗糙度时,除非特别指明,通常是指横向实际轮廓,即与加工纹理方向垂直的截面上的轮廓,如图 4.1 所示。若将其截面放大来看,零件的表面总是凹凸不平的,是由一些微小间距和微小峰谷组成的。

机械零件表面精度所研究和描述的对象是零件的表面形貌特性。零件的表面形貌包括 3 种成分,如图 4.2 所示。

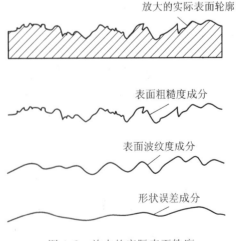

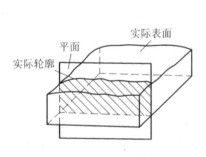

图 4.1　零件表面的实际轮廓　　　　　　图 4.2　放大的实际表面轮廓

1. 表面粗糙度

零件表面所具有的微小峰谷的不平程度属于表面粗糙度，其波长和波高之比一般小于50（波距小于 1 mm）。

2. 表面波纹度

零件表面中峰谷的波长和波高之比等于 50～1000 的不平程度称为波纹度（波距在 1～10 mm 之间）。

3. 形状误差

零件表面中峰谷的波长和波高之比大于 1000 的不平程度属于形状误差（波距大于10 mm）。

4.2 表面粗糙度的概念

4.2.1 表面粗糙度的定义

表面粗糙度是指加工表面上具有的微小谷峰的高低程度和间距状况，它是一种微观几何形状误差。在加工中，由于刀具与零件表面间的摩擦、切屑分离时工件表面层的塑性变形、工装系统的振动及机床精度等多种原因而形成被加工零件表面的微小间距和微小峰谷的微观几何误差。

零件表面粗糙度影响零件的使用性能和使用寿命，在保证零件的尺寸、几何精度的同时，不能忽视表面粗糙度的影响，特别是转速高、密封性能要求高的部件要格外重视。

4.2.2 表面粗糙度对零件机械性能的影响

表面粗糙度对机械零件的使用性能及寿命影响较大，尤其对在高温、高速和高压条件下工作的机械零件影响更大，其影响主要表现在以下几个方面。

1. 对配合性质的影响

对于间隙配合，相对运动的表面因轮廓峰顶较快地被磨平，致使实际间隙增大，因而降低预定的配合性质；对于过盈配合，表面轮廓峰顶在装配时易被挤平，使实际有效过盈减小，因而降低过盈连接强度；对于过渡配合，由于间隙或过盈均较小，为了防止配合表面粗糙而影响过渡配合性质，故粗糙值不应太大。可见，为了保证间隙配合的稳定性、过渡配合的性质以及过盈配合的连接强度，适当提高零件表面粗糙度是有效的措施，特别是对小尺寸配合件更为明显。

2. 对耐磨性的影响

具有表面粗糙度的两个零件，当它们接触并产生相对运动时只是一些峰顶间的接触，减少了接触面积，因而使压力增大，磨损加剧，耐磨性随之降低。但需指出，零件表面越光滑，磨损量不一定越小。因为零件的耐磨性除受表面粗糙度影响外，还与磨损下来的金属微粒的刻划以及润滑油被挤出和分子间的吸附作用等因素有关。所以，过于光滑的表面的耐磨性不一定好。

3. 对疲劳强度的影响

对零件表面粗糙度要求越低，表面越粗糙，其刀痕和裂纹等均易引起应力集中，从而导致疲劳强度降低。但表面粗糙度对铸铁零件的疲劳强度的影响不甚明显；而对于钢零件，其强度越高影响越大。因此，在一般情况下，零件疲劳强度随表面粗糙度要求的提高而提高。

4. 对接触刚度的影响

由于微观不平度的影响，配合表面的实际接触面仅为理想接触面积的一部分，造成单位面积压力增大，轮廓顶峰处极易产生接触变形，因而降低了接触刚度。因此，较高的表面粗糙度要求可保证良好的接触刚度。

5. 对耐腐蚀性的影响

粗糙的表面易使腐蚀性物质存积在表面的微观峰谷处，并渗入到金属内部，致使腐蚀加剧。因此，提高零件表面粗糙度的质量，可以增强其抗腐蚀的能力。

6. 对冲击强度的影响

对于钢制零件，其冲击强度值因表面粗糙度要求的降低而减小，当配合件在低温状态工作时，这种影响更为明显。

7. 对其他性能的影响

表面粗糙度对零件性能的影响是多方面的。例如，运动副表面粗糙不平会使运转时的振动和噪声增加；冲压零件的表面粗糙度要求适当，既可存有润滑油又可防止表面擦伤，甚至可防止产生裂纹；当高频电流流经导体表面时，由于导体粗糙度的影响，其表面的实际电阻值大于理论值，致使导电电阻增大；表面粗糙度还将增大管壁对液体流动的阻力，增加工件尺寸的测量误差等。

4.3　表面粗糙度的评定

4.3.1　基本术语

1. 取样长度和评定长度

1）取样长度(lr)

取样长度(sampling length)是用于判别被评定轮廓的不规则特征的 X 轴方向上的长度，即测量或评定表面粗糙度时所规定的一段基准线长度，它包含 5 个以上轮廓峰和谷，如图 4.3 所示。取样长度值的大小对表面粗糙度测量结果有影响，一般表面越粗糙，取样长度就越大，国家标准规定的取样长度选用值见表 4.1。由于加工表面具有不均匀性，因此在评定表面粗糙度时，需要规定取样长度和评定长度等技术参数，以限制和减弱表面波纹度对表面粗糙度测量结果的影响。

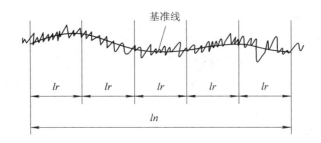

图 4.3　取样长度 lr 和评定长度 ln

表 4.1　取样长度和评定长度的选用值（GB/T 1031—2009）

$Ra/\mu m$	$Rz/\mu m$	lr/mm	$ln/mm(ln=5lr)$
≥0.008~0.02	≥0.025~0.10	0.08	0.4
>0.02~0.10	>0.10~0.50	0.25	1.25
>0.10~2.0	>0.05~10.0	0.8	4.0
>2.0~10.0	>10.0~50.0	2.5	12.5
>10.0~80.0	>50.0~320	8.0	40.0

2）评定长度（ln）

评定长度（evaluation length）是用于判别被评定轮廓的 X 轴方向上的长度。由于零件表面粗糙度不均匀，为了合理地反映其特征，在测量和评定时所规定的一段最小长度称为评定长度（ln）。

评定长度包括一个或几个取样长度，由于零件表面各部分的表面粗糙度不一定很均匀，在一个取样长度上往往不能合理地反映某一表面粗糙度特征，因此需在表面上取几个取样长度来评定表面粗糙度。一般情况下，取 $ln=5lr$，称为标准长度，如图 4.3 所示。如果评定长度取为标准长度，则评定长度不需在表面粗糙度代号中注明。当然，根据情况，也可取非标准长度，如果被测表面的均匀性较好，则测量时可选 $ln<5lr$；如果均匀性差，则可选 $ln>5lr$。

2. 轮廓中线

轮廓中线是具有几何轮廓形状并划分轮廓的基准线。轮廓中线有下列两种。

1）轮廓最小二乘中线

轮廓最小二乘中线是在取样长度范围内，实际被测轮廓线上的各点至该线的距离平方和为最小的直线，即 $\int_0^l y^2 \mathrm{d}x = \min$，如图 4.4 所示。

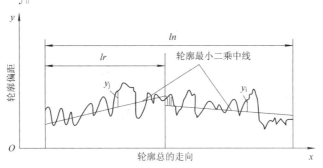

图 4.4　最小二乘中线

2）轮廓算术平均中线

轮廓算术平均中线是在取样长度范围内，将实际轮廓划分为上、下两部分，且使上、下两部分的面积相等的直线，即 $F_1 + F_2 + \cdots + F_n = F_1' + F_2' + \cdots + F_i' + \cdots + F_n'$，如图4.5所示。

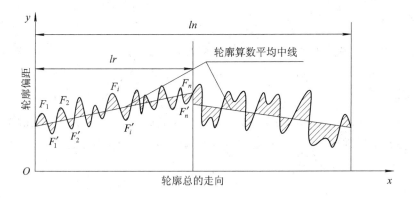

图4.5 轮廓算术平均中线

轮廓算术平均中线往往不是唯一的，在一簇算术平均中线中只有一条与轮廓最小二乘中线重合。在实际评定和测量表面粗糙度时，使用图解法时可用轮廓算术平均中线代替轮廓最小二乘中线。

3. 几何参数

（1）轮廓峰（profile peak）：轮廓与轮廓中线相交，相邻两交点之间的轮廓外凸部分，如图4.6所示。

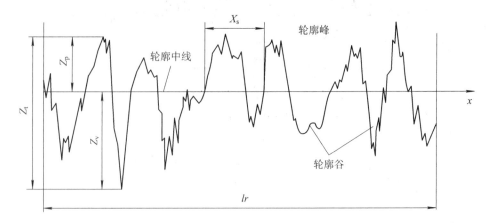

图4.6 表面轮廓几何参数

（2）轮廓谷（profile valley）：轮廓与轮廓中线相交，相邻两交点之间的轮廓内凹部分，如图4.6所示。

（3）轮廓单元（profile element）：相邻轮廓峰与轮廓谷的组合。

（4）轮廓单元宽度 X_s（profile element width）：X 轴线与轮廓单元相交线段的长度，如图4.6所示。

（5）轮廓单元高度 Z_t（profile element height）：一个轮廓单元的峰高与谷深之和，如图4.6所示。

（6）轮廓峰高 Z_p（profile peak height）：轮廓最高点到 X 轴线的距离，如图 4.6 所示。

（7）轮廓谷深 Z_v（profile valley height）：轮廓谷最低点到 X 轴线的距离，如图 4.6 所示。

4.3.2　评定参数

为了满足对零件表面不同的功能要求，国标 GB/T 3505—2009 从表面微观几何形状幅度、间距和形状等三个方面的特征规定了相应的评定参数。

1. 幅度参数

（1）轮廓算术平均偏差（arithmetical mean deviation of the assessed profile）：在一个取样长度内纵坐标值 $Z(x)$ 的绝对值的算术平均值，如图 4.7 所示，用 Ra 表示，其计算式为

$$Ra = \frac{1}{l_r}\int_0^{lr} |Z(x)| \, dx \qquad (4-1)$$

或近似为

$$Ra = \frac{1}{n}\sum_{i=1}^n |Z_i| \qquad (4-2)$$

测得的 Ra 值越大，表面越粗糙。Ra 能客观地反映表面微观几何形状误差，但因受到计量器具功能的限制，不宜用作过于粗糙或太光滑表面的评定参数。

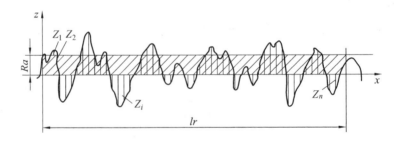

图 4.7　轮廓算术平均偏差

（2）轮廓的最大高度（maximum height of the profile）：在一个取样长度内，最大轮廓峰高 Z_p 和最大轮廓谷深 Z_v 之和的高度，用 Rz 表示，即

$$Rz = Z_p + Z_v = \max\{Z_{p_i}\} + \max\{Z_{v_i}\} \qquad (4-3)$$

式中，Z_p、Z_v 都取正值。如图 4.8 所示，轮廓最大高度 $Rz = Z_{p_6} + Z_{v_2}$。

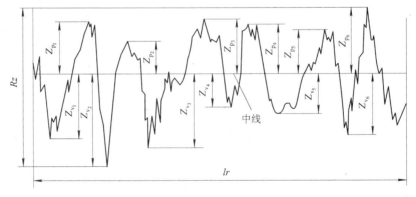

图 4.8　轮廓最大高度

2. 间距参数

轮廓单元的平均宽度(mean width of the profile elements)：在一个取样长度内，轮廓单元宽度 X_s 的平均值，如图 4.9 所示，用 Rsm 表示，即

$$Rsm = \frac{1}{m} \sum_{i=1}^{m} X_{s_i} \qquad (4-4)$$

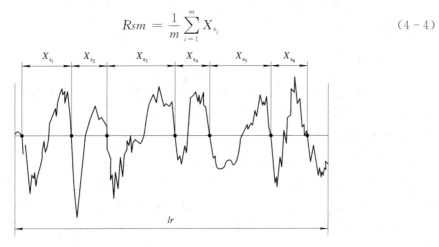

图 4.9　轮廓单元的平均宽度

3. 形状参数

轮廓的支承长度率(material ratio of the profile)：在给定水平位置 C 上，轮廓的实体材料长度 $Ml(c)$ 与评定长度的比率，如图 4.10 所示，用 $Rmr(c)$ 表示，即

$$Rmr(c) = \frac{Ml(c)}{ln} \qquad (4-5)$$

所谓轮廓的实体材料长度 $Ml(c)$，是指在评定长度内，一平行于 X 轴的直线从峰顶线向下移一水平截距 c 时，与轮廓相截所得的各段截线长度之和，如图 4.10(a)所示，即

$$Ml(c) = b_1 + b_2 + \cdots + b_i + \cdots + b_n = \sum_{i=1}^{n} b_i \qquad (4-6)$$

轮廓的水平截距 c 可用 μm 或用它占轮廓的最大高度的百分比表示。由图 4.10(a)可以看出，支承长度率是随着水平截距的大小而变化的，其关系曲线称为支承长度率曲线，如图 4.10(b)所示。支承长度率曲线对于反映表面耐磨性具有显著的功效，即从中可以明显看出支承长度的变化趋势，且比较直观。

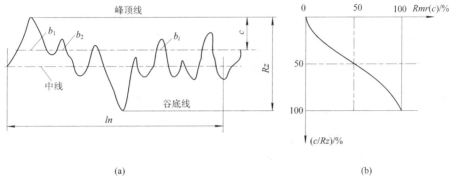

(a)　　　　　　　　　　　　　　　　(b)

图 4.10　支承长度率曲线

4.4　表面粗糙度的选用

确定零件表面粗糙度时，既要满足零件表面的功能要求，又要考虑经济性。表面粗糙度的选用包括评定参数的选用和评定参数值的选用。

4.4.1　评定参数的选用

确定表面粗糙度时，可在两项高度特性方面的参数 Ra、Rz 中选取，只有当高度参数不能满足表面功能要求时，才选取附加参数。

1. 幅度参数的选择

Ra、Rz 是标准规定的必须标注的参数(两者只需取其一)，故又称为基本参数。Ra 是国家标准推荐首先选用的高度特性参数，是世界主要工业国家表面粗糙度标准广泛采用的最基本的评定参数。Ra 能充分反映零件表面微观几何形状特征及凸峰高度，且测量较方便，普通的轮廓仪就可测得 Ra 值，它是一个表征零件表面耐磨性的参数。一般情况下，Ra 越小，表面越光洁，在常用参数范围内($0.025\ \mu m < Ra < 0.63\ \mu m$, $0.1\ \mu m < Rz < 0.25\ \mu m$)优先选用 Ra。

Rz 是反映最大高度的参数，对疲劳强度来讲，表面如存在较深的痕迹，就容易产生疲劳裂纹而导致损坏，因此这种情况采用 Rz 为好。另外，当测量面积很小(如顶尖、刀具的刃部、仪表的小元件的表面)时，难以取得一个规定的取样长度，用 Ra 困难，采用 Rz 则有实际意义。

2. 附加参数的选择

相对于基本参数而言，间距特性参数 Rsm 与形状特性参数 $Rmr(c)$ 称为附加参数，其应用限于零件重要表面并有特殊使用要求时。

当表面功能需要控制加工痕迹的疏密度时，可选用间距特性参数 Rsm，该参数主要影响表面的涂漆性能、抗腐蚀性、流体流动摩擦阻力等。

形状特性参数 $Rmr(c)$ 是高度参数和间距参数的综合。$Rmr(c)$ 反映表面的耐磨性，很直观且比较全面，同时也能反映表面的接触刚度和结合面的密封性等。因此，对于耐磨性、接触刚度及密封性等性能要求较高的重要零件表面，选取附加参数 $Rmr(c)$ 是一种良好的措施。

4.4.2　评定参数值的选用

表面粗糙度参数值的选用原则首先是满足功能要求，其次是考虑经济性及工艺的可能性。在满足功能要求的前提下，参数的允许值应尽可能大一些(除 $Rmr(c)$ 外)。

在工程实际中，由于表面粗糙度和功能的关系十分复杂，因而很难准确地确定参数的允许值。在具体设计时，一般多采用经验统计资料，用类比法来选用。

根据类比法初步确定表面粗糙度后，再对比工作条件做适当调整，这时应注意如下原则：

(1) 同一零件上，工作表面的粗糙度应高于非工作表面的粗糙度。

（2）摩擦表面应比非摩擦表面的表面粗糙度高；滚动摩擦表面应比滑动摩擦表面的表面粗糙度高；运动速度高、单位压力大的摩擦表面应比运动速度低、单位压力小的摩擦表面的表面粗糙度高。

（3）受循环负荷的表面及易于引起应力集中的部位（如圆角、沟槽），其表面粗糙度要求较高。

（4）配合性质要求高的结合表面、配合间隙小的间隙配合表面以及要求连接可靠、受重载的过盈配合表面等，均应选用较高的表面粗糙度。

（5）要求防腐蚀、密封性能好或外表美观的表面其粗糙度要求较高。

（6）凡有关标准已对表面粗糙度要求作出规定的（如与滚动轴承配合的轴颈和外壳孔的表面），则应按该标准确定表面粗糙度参数值。

（7）配合性质相同、零件尺寸越小，表面粗糙度越高；同一公差等级，小尺寸比大尺寸的表面粗糙度要高，轴比孔的表面粗糙度要高。

通常当尺寸公差、表面形状公差小时，表面粗糙度要求也高。但表面粗糙度参数值和尺寸公差、表面形状公差之间并不存在确定的函数关系，如手轮、手柄的尺寸公差较大，但表面粗糙度要求却较高。一般情况下，它们之间有一定的对应关系。设表面形状公差值为 t，尺寸公差值为 T，其对应关系可参照表 4.2。轮廓算术平均偏差 Ra 的数值规定见表 4.3，轮廓最大高度 Rz 的数值规定见表 4.4；间距特性参数 Rsm 与形状特性参数 $Rmr(c)$ 的数值规定分别见表 4.5 和表 4.6；轮廓算数平均偏差 Ra 的应用实例见表 4.7；常用加工方法能够达到的表面粗糙度 Ra 见表 4.8。

表 4.2 Ra 与形状公差 t 及尺寸公差 T 的关系

分 级	t 和 T 的关系	Ra 和 T 的关系	Rz 和 T 的关系
普通精度	$t\approx0.6T$	$Ra\leqslant0.05T$	$Rz\leqslant0.2T$
较高精度	$t\approx0.4T$	$Ra\leqslant0.025T$	$Rz\leqslant0.1T$
提高精度	$t\approx0.25T$	$Ra\leqslant0.012T$	$Rz\leqslant0.05T$
高精度	$t<0.25T$	$Ra\leqslant0.15T$	$Rz\leqslant0.6T$

表 4.3 Ra 的数值（GB/T 1031—2009） μm

Ra	0.012	0.2	3.2	50
	0.025	0.4	6.3	100
	0.05	0.8	12.5	
	0.1	1.6	25	

表 4.4 Rz 的数值（GB/T 1031—2009） μm

Rz	0.025	0.4	6.3	100	1600
	0.05	0.8	12.5	200	
	0.1	1.6	25	400	
	0.2	3.2	50	800	

表 4.5　**Rsm** 的数值(GB/T 1031—2009)　　mm

Rsm	0.006	0.025	0.1	0.4	1.6	6.3
	0.0125	0.05	0.2	0.8	3.2	12.5

表 4.6　**Rmr(c)** 的数值(GB/T 1031—2009)

Rmr(c)/%	10	15	20	25	30	40	50	60	70	80	90

注：选用轮廓的支承长度率 $Rmr(c)$ 时必须同时给出轮廓的水平截距 c，它可用微米或 Rz 的百分数表示。百分数系列为 Rz 的 5%、10%、15%、20%、25%、30%、40%、50%、60%、70%、80%、90%。

表 4.7　表面粗糙度参数值应用实例

Ra/μm	应 用 实 例
12.5	粗加工非配合表面。如轴端面，倒角、钻孔、键槽的非工作表面，垫圈的接触面，不重要的安装支承面、螺钉表面、铆钉孔表面等
6.3	半精加工表面。用于不重要零件的非配合表面，如支柱、轴、支架、外壳、衬套、盖等的端面、螺钉、螺栓和螺母的自由表面；不要求定心及配合特性的表面，如螺栓孔、螺钉孔、铆钉孔等；飞轮、皮带轮、离合器、联轴节、凸轮、偏心轮的侧面；平键及键槽的上、下面；花键的非定心表面，齿顶圆表面；所有轴和孔的退刀槽等
3.2	半精加工表面。如外壳、箱体、盖、套筒、支架和其他零件连接而不形成配合的表面；不重要的紧固螺纹表面，非传动用梯形螺纹、锯齿形螺纹表面；燕尾槽表面；键和键槽的工作面；需要发蓝的表面；需滚花的预加工表面；低速滑动轴承和轴的摩擦面；张紧链轮、导向滚轮孔与轴的配合表面；收割机械切割器的摩擦器动刀片、压力片的摩擦面等
1.6	要求保证定心及配合特性的固定支承、衬套和定位销的压入孔表面；不要求定心及配合特性的活动支承面、活动关节及花键结合面；8 级齿轮的齿面、齿条齿面；传动螺纹的工作面；低速传动的轴颈；楔形键及键槽的上、下面；轴承盖凸肩(对中心用)，V 带轮槽表面，电镀前金属表面等
0.8	要求保证定心及配合特征的表面。如锥销和圆柱销的表面；与 P0 和 P6 级滚动轴承相配合的孔和轴颈的表面；中速转动的轴颈，过盈配合的孔 IT7，间隙配合的孔 IT8，花键轴定心表面，滑动导轨面
0.4	不要求保证定心及配合特征的活动支承面，高精度的活动球状接头表面、支承垫圈、榨油机螺旋榨辊表面
0.2	要求能长期保持配合特性的孔 IT5、IT6，6 级精度齿轮工作面，蜗杆齿面(6~7 级)，与 P5 级滚动轴承配合的孔和轴颈表面；要求保证定心及配合特性的表面；滑动轴承轴瓦工作表面；分度盘表面；工作时受交变应力的重要零件表面，如受力螺栓的圆柱表面、曲轴和凸轮轴工作表面、发动机气门圆锥面、与橡胶油封相配合的轴表面等

$Ra/\mu m$	应 用 实 例
0.1	工作时受较大交变应力的重要零件表面；保证疲劳强度、防腐蚀性及在活动接头工作中耐久性的一些表面，如精密机床主轴箱与套筒配合的孔、活塞销的表面、液压传动用孔的表面，阀的工作面，汽缸内表面，保证精确定心的锥体表面；仪器中承受摩擦的表面，如导轨、槽面等
0.05	滚动轴承套圈滚道滚珠及滚柱表面，摩擦离合器的摩擦表面，工作量规的测量表面精密刻度盘表面等
0.025	特别精密的滚动轴承套圈滚道、滚珠及滚柱表面，量仪中较高精度间隙配合零件的工作表面，柴油机高压油泵中柱塞副的配合表面，保证高度气密的接合表面等
0.012	仪器的测量面，量仪中高精度间隙配合零件的工作表面，尺寸超过 100 mm 量块的工作表面等

表 4.8 常用加工方法能够达到的表面粗糙度 Ra 数值

加工方法	加工情况	加工经济精度	表面粗糙度 $Ra/\mu m$
车	粗车	12～13	10～80
	半精车	10～11	2.5～10
	精车	7～8	1.25～2.5
	金刚石车	5～6	0.02～1.25
铣	粗铣	12～13	10～80
	半精铣	11～12	2.5～10
	精铣	8～9	1.25～2.5
外磨	粗磨	8～9	1.25～10
	精磨	6～7	0.16～1.25
超精加工	精	5	0.16～0.32
	精密	5	0.01～0.16

4.5 表面粗糙度的标注

图样上所标注的表面粗糙度符号、代号是该表面完工后的要求。表面粗糙度的标注应符合国家标准 GB/T 131—2006 的规定。

4.5.1 表面粗糙度的符号

图样上表示的零件表面粗糙度符号及其说明见表 4.9。当仅需要加工(采用去除材料的方法或不去除材料的方法)但对表面粗糙度的其他规定没有要求时，允许只标注表面粗糙度符号。

表 4.9　表面粗糙度的符号（GB/T 131—2006）

符　　号	意义及说明
	基本符号，未指定工艺方法的表面。当通过一个注释解释时可单独使用
	扩展图形符号，用去除材料的方法获得的表面。例如，车、铣、钻、磨、剪切、抛光、腐蚀、电火花加工、气割等
	扩展图形符号，用不允许去除材料的方法获得的表面。例如，铸、锻、冲压变形、热轧、粉末冶金等，或者用于保持原供应状况的表面(包括保持上道工序的状况)
	完整图像符号，用于标注表面粗糙度特征的补充信息
	在完整图像符号上均可加一个圆圈，表示对视图上构成封闭轮廓的各表面有相同的表面粗糙度要求

4.5.2　各项参数、符号的注写位置

各项参数、符号的注写位置如图 4.11 所示。

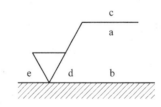

图 4.11　表面粗糙度要求的注写位置

（1）a：表面粗糙度单一要求（μm）；
（2）b：有两个或多个幅度参数要求时，注写其代号和数值（μm）；
（3）c：加工方法；
（4）d：表面纹理和纹理方向符号（见表 4.10）；
（5）e：加工余量（mm）。

为了明确表面粗糙度要求，除了标注表面粗糙度单一要求外，必要时应标注补充要求。单一要求是指粗糙度参数及其数值，补充要求包括传输带、取样长度、加工工艺、表面纹理及其方向、加工余量等。在完整的图形符号中，对表面粗糙度的单一要求(图 4.11 中 a)和补充要求(图 4.11 中 b、c、d 和 e)应注写在指定位置。

表 4.10 加工纹理方向的符号

符号	说 明	示意图
=	纹理平行于标注代号的视图的投影面	
⊥	纹理垂直于标注代号的视图的投影面	
×	纹理呈两相交的方向或呈凸起的细粒状	
C	纹理呈近似同心圆	
M	纹理呈多方向	
R	纹理呈近似放射状	
P	纹理无方向	

位置 a 处标注表面粗糙度的单一要求(即表面粗糙度的第一个要求),该要求是不能省略的,它包含表面粗糙度参数代号、极限值和传输带或取样长度。标注次序为上限或下限符号、传输带、取样长度、评定长度、参数代号、极限值。为了避免误解,在参数代号和极限值间插入空格。传输带或取样长度后应有一斜线"/",之后是表面粗糙度参数代号,最后是极限值,见表 4.11。

表 4.11　表面粗糙度的标注示例

代　　号	意　　义
$\sqrt{Ra\ 0.4}$	用不去除材料的工艺方法获得的表面粗糙度,单向上限值,传输带默认,R 轮廓,算术平均偏差为 0.4 μm,评定长度为 5 个取样长度(默认),"16%规则"(默认)
$\sqrt{Rz\ 0.4}$	用不去除材料的工艺方法获得的表面粗糙度,单向上限值,传输带默认,R 轮廓,轮廓最大高度为 0.4 μm,评定长度为 5 个取样长度(默认),"16%规则"(默认)
$\sqrt{Ra\ max\ 0.4}$	用去除材料的工艺方法获得的表面粗糙度,单向上限值,传输带默认,R 轮廓,算术平均偏差的最大值为 0.4 μm,评定长度为 5 个取样长度(默认),"最大规则"
$\sqrt{\begin{array}{l}U\ Rz\ 0.8\\L\ Rz\ 0.2\end{array}}$	用不去除材料的工艺方法获得的表面粗糙度,双向极限值,两极限值均使用默认传输带,R 轮廓,轮廓最大高度的上限值为 0.8 μm,下限值为 0.2 μm,评定长度为 5 个取样长度(默认),"16%规则"(默认)
$\sqrt{\begin{array}{l}铣\\Ra\ 0.8\\\perp\end{array}}$	用去除材料的工艺方法获得的表面粗糙度,单向上限值,传输带默认,R 轮廓,算术平均偏差为 0.8 μm,评定长度为 5 个取样长度(默认),"16%规则"(默认)。表面纹理垂直于视图的投影面。加工方法为铣削
$\sqrt{0.0025\text{-}0.8/Rz\ 3.2}$	用去除材料的工艺方法获得的表面粗糙度,单向上限值,传输带 0.025～0.8 mm,R 轮廓,轮廓最大高度为 3.2 μm,评定长度为 5 个取样长度(默认),"16%规则"(默认)

注:表中参数一般指上限值(未加注说明),若参数为下限值,则应在参数代号前加 L;若表示双向极限则应标注极限代号,则上限值用 U 表示,下限值用 L 表示。

表面粗糙度要求中给定极限值的判断原则有"16%规则"和"最大规则"两种。其中"16%规则"是所有表面结构要求标注的默认规则(省略标注),其含义是同一评定长度内幅度参数所有实测值中,大于上限值的个数少于总数的 16%且小于下限值的个数少于总数的16%,则认为合格。"最大规则"是指幅度参数所有实测值不大于最大允许值和不小于最小允许值，则认为合格，应在表面粗糙度参数的后面加注"max"。

4.5.3　表面粗糙度的标注方法及实例

　　表面粗糙度要求对每一个表面一般只标注一次，并尽可能注在相应的尺寸及其公差的同一视图上。除非另有说明，所标注的表面粗糙度要求是对完工零件表面的要求。零件图上所标注的表面粗糙度代号是指该表面完工后的要求。表面粗糙度要求的注写和读取与尺寸的注写和读写方向一致。表面粗糙度要求在图样上的标注示例见表 4.12。

表 4.12　表面粗糙度要求在图样上的标注方法示例

要　求	图　　例	说　　明
表面粗糙度要求标注在轮廓线上或指引线上		表面粗糙度要求可标注在轮廓线上，其符号应从材料外指向并接触表面
		必要时，表面粗糙度符号也可用箭头或黑点的指引线引出标注
表面粗糙度要求在特征尺寸线上的标注		在不引起误解的情况下，表面粗糙度要求可以标注在给定的尺寸线上
表面粗糙度要求在几何公差框格上的标注		表面粗糙度要求可标注在几何公差框格上方

要　求	图　　例	说　　明
表面粗糙度要求在延长线上的标注		表面粗糙度可以直接标注在延长线上，或用带箭头的指引线引出标注。圆柱和棱柱表面粗糙度要求只标注一次
大多数表面（包括全部）有相同表面粗糙度要求的简化标注		如果工件的多数表面有相同的表面粗糙度的要求，则其要求可统一标注在标题栏附近。此时，表面粗糙度要求的符号后面要加上圆括号，并在圆括号内给出基本符号
		如果工件全部表面有相同的表面粗糙度的要求，则其要求可统一标注在标题栏附近

复 习 与 思 考

1. 实际表面轮廓上包含哪三种几何形状误差？

2. 表面结构中的粗糙度轮廓的含义是什么？它对零件的使用性能有哪些影响？

3. 测量表面粗糙度轮廓和评定表面粗糙度轮廓参数时，为什么要规定取样长度？标准评定长度等于连续的几个标准取样长度？

4. 为了评定表面粗糙度轮廓参数，首先要确定基准线，试述可以作为基准线的轮廓的最小二乘中线和算术平均中线的含义。

5. 表面粗糙度评定参数中，Ra、Rz 的含义是什么？

6. 试述表面粗糙度轮廓幅度参数允许值的选用原则。

7. 常见的加工纹理方向符号有哪些？各代表什么意义？

8. 在机械加工过程中，被加工表面的粗糙度是什么原因引起的？

9. 标注表面粗糙度的代号应注意哪些问题？

10. 测量表面粗糙度的方法有哪些？

11. 填空题

(1) 表面粗糙度是指＿＿＿＿＿＿所具有的＿＿＿＿＿＿和＿＿＿＿＿＿微观几何形状特征。

(2) 取样长度用＿＿＿＿＿＿表示；评定长度用＿＿＿＿＿＿表示，它可以包含＿＿＿。

(3) 轮廓算术平均偏差用＿＿＿＿＿＿表示；轮廓最大高度用＿＿＿＿＿＿表示。

(4) 表面粗糙度代号在图样上应标注在＿＿＿＿＿＿、＿＿＿＿＿＿或其延长线上，符号的尖端必须从材料外＿＿＿＿＿＿表面，代号中数字及符号的注写方向必须与＿＿＿＿＿＿一致。

(5) 表面粗糙度的选用，应在满足表面功能要求情况下，尽量选用＿＿＿＿＿＿的表面粗糙度数值。

(6) 同一零件上，工作表面的粗糙度参数值＿＿＿＿＿＿非工作表面的粗糙度参数值。

(7) 表面粗糙度评定参数中，轮廓的高度参数有＿＿＿＿＿＿和＿＿＿＿＿＿两个。

(8) 评定表面粗糙度的主要参数是＿＿＿＿＿＿参数，附加参数是＿＿＿＿＿＿和＿＿＿＿＿＿参数。

(9) 表面粗糙度用铣削的方法获得。Ra 的最大允许值为 $3.2\ \mu m$，Rz 的最大允许值为 $12.5\ \mu m$，其符号记为＿＿＿＿＿＿。

(10) 表面粗糙度用冲压方法获得。Rz 的最大允许值为 $6.3\ \mu m$，其符号记为＿＿＿＿＿＿。

(11) 某传动轴的轴颈尺寸为 $\phi 40_{-0.016}^{\ \ 0}$，圆柱度公差为 0.004，该轴颈表面的粗糙度 Ra 值可选为＿＿＿＿＿＿μm。

(12) $\phi 55h6$ 圆柱销应经磨削加工，该圆柱销长 60 mm，该轴线直线度公差为 6 级，表面粗糙度 Rz 值可选为＿＿＿＿＿＿μm。

12. 用类比法分别确定 $\phi 55t5$ 轴和 $\phi 55T6$ 孔的配合表面粗糙度 Ra 的上限值或最大值。

13. 在一般情况下，$\phi 30H7$ 和 $\phi 6H7$ 相比，$\phi 50H6/f5$ 和 $\phi 50\ H6/t5$ 相比，哪个表面选用的表面粗糙度上限值或最大值较小？

14. 试将下列表面粗糙度要求标注在图 4.12 上。

(1) 用任何方法加工圆柱面 $\phi d3$，Ra 最大允许值为 $3.2\ \mu m$。

(2) 用去除材料的方法获得孔 ϕd_1，要求 Ra 最大允许值为 $6.3\ \mu m$。

(3) 用去除材料的方法获得表面 a，要求 Rz 最大允许值为 $12.5\ \mu m$。

(4) 其余用去除材料的方法获得表面，要求 Ra 允许值均为 $25\ \mu m$。

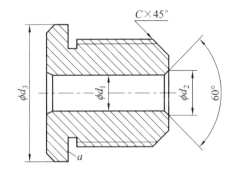

图 4.12 零件

15. 试将下列的表面粗糙度轮廓技术要求标注在图 4.13 上。

(1) 两 ϕd_1 圆柱面的表面粗糙度轮廓参数 Ra 的上限值为 $1.6\ \mu m$，下限值为 $0.8\ \mu m$；

（2）ϕd_2 圆柱面的表面粗糙度轮廓参数 Ra 的最大值为 3.2 μm，最小值为 1.6 μm；

（3）宽度为 b 的键槽两侧面的表面粗糙度 Ra 的上限值为 3.2 μm；

（4）其余表面的表面粗糙度 Ra 的最大值为 12.5 μm。

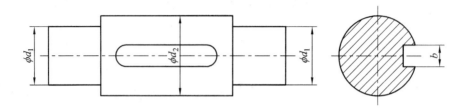

图 4.13　轴

第 5 章　滚动轴承的公差与配合

5.1　概　　述

滚动轴承是以滑动轴承为基础发展起来的，是一种传动支承部件，它既可以用于支承旋转的轴，又可以减少轴与支承部件之间的摩擦力，在机械制造业中的应用极其广泛。滚动轴承的品种规格繁多，专业化生产的水平很高。有关滚动轴承公差与配合的标准非常多，标准不仅规定了滚动轴承本身的尺寸公差、旋转精度（跳动公差等）、测量方法，还规定了可与滚动轴承相配的壳体孔和轴颈的尺寸公差、形位公差和表面粗糙度。例如 GB/T 4199—2003《滚动轴承　公差　定义》、GB/T 307.1—2005《滚动轴承　向心轴承 公差》、GB/T 307.3—2005《滚动轴承　通用技术规则》、GB/T 307.4—2002《滚动轴承　推力轴承公差》、GB/T 275—1993《滚动轴承与轴和外壳孔的配合》等。

5.1.1　滚动轴承的组成和类型

滚动轴承是一种标准部件，它由专业工厂生产，供各种机械选用。滚动轴承一般由内圈、外圈、滚动体（钢球或滚子）和保持架（又称隔离圈）等组成，见图 5.1。

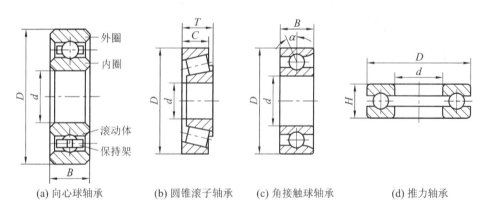

(a) 向心球轴承　　　(b) 圆锥滚子轴承　　　(c) 角接触球轴承　　　(d) 推力轴承

图 5.1　滚动轴承的组成和类型

滚动轴承的形式很多。按滚动体的形状，可分为球轴承和滚子轴承，如图 5.1(a)、(b)、(c)所示；按受负荷的作用方向，则可分为向心球轴承(如图 5.1(a)所示)、向心推力轴承、推力轴承(如图 5.1(d)所示)。

5.1.2 滚动轴承的安装形式

通常,滚动轴承内圈装在传动轴的轴颈上随轴一起旋转,以传递扭矩;外壳孔中,起支承作用,如图 5.2 所示。因此,内圈的内径(d)和外圈的外径(D)是滚动轴承与结合件配合的基本尺寸。考虑到运动过程中轴会受热变形延伸,一端轴承应能够作轴向调节,调节好后应轴向锁紧。

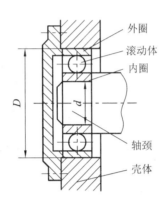

图 5.2 滚动轴承的安装形式

5.2 滚动轴承的精度等级及应用

滚动轴承的精度是指滚动轴承主要尺寸的公差值及旋转精度。根据滚动轴承的结构尺寸、公差等级和技术性能等产品特征,国家标准 GB/T 307.3—2005《滚动轴承通用技术规定》将其按精度等级的高低分为 0、6(6X)、5、4、2 五个等级。不同种类的滚动轴承公差等级稍有不同,具体如下:

(1) 向心轴承分为 0、6、5、4 和 2 五个精度等级(相当于 GB/T 307.1—1984 中的 G、E、D、C 和 B 级);

(2) 圆锥滚子轴承分为 0、6X、5 和 4 四个精度等级;

(3) 推力轴承分为 0、6、5 和 4 四个精度等级。

公差等级由低到高递增,0 级为普通级,在机械制造业中应用最广,应用在中等负荷、中等转速和旋转精度要求不高的一般机构中,如普通机床、汽车和拖拉机的变速机构和普通电机、水泵、压缩机的旋转机构。6 级(中等精度级)轴承应用于旋转精度和转速较高的旋转机构中,如普通机床的主轴轴承,精密机床传动轴使用的轴承。5、4 级(较高、高级)轴承应用于旋转精度高和转速高的旋转机构中,如精密机床的主轴轴承,精密仪器和机械使用的轴承。2 级轴承应用于旋转精度和转速很高的旋转机构中,如精密坐标镗床的主轴轴承、高精度仪器和高转速机构中使用的轴承。机床主轴上滚动轴承的公差等级参见表 5.1。

表 5.1　机床主轴上滚动轴承的公差等级

轴承型号	公差等级	应 用 举 例
6200	4	高精度磨床、丝锥磨床、齿轮磨床
6300	2	插齿刀磨床
7000C	5	精密镗床、内圆磨床、齿轮加工机床
7000AC	6	卧式车床、铣床
NN3000K	4	精密丝杠车床、高精度车床、高精度外圆磨床
	5	精密车床、精密铣床、镗床、普通外圆磨床、多轴车床、转塔车床
	6	卧式车床、自动车床、铣床、立式车床
20000 N0000	6	精密车床和铣床的主轴后轴承
3000	2	坐标镗床
	4	磨齿机床
	5	精密车床、精密铣床、精密转塔车床、镗床、滚齿机
	6	车床、铣床
50000	6	一般精度机床

　　滚动轴承的旋转精度是指轴承的内、外圈的径向跳动、端面跳动及滚道的侧向摆动等。选择滚动轴承精度等级主要考虑两个方面：一是根据机器功能对轴承部件的旋转精度要求(例如，当机床主轴的径向跳动要求为 0.01 mm 时，多选用 5 级轴承；当径向跳动要求为 0.001～0.005 mm 时，多选用 4 级轴承)；二是转速的高低，转速高时，由于与轴承配合的旋转轴或孔可能随轴承的跳动而跳动，势必造成旋转的不平稳，产生振动和噪声，因此，转速高时应选用精度高的轴承。

5.3　滚动轴承内径与外径的公差带及其特点

　　轴承的配合是指内圈与轴颈及外圈与外壳体的配合，滚动轴承的内、外圈都是宽度较小的薄壁件。在其加工和未与轴、外壳孔装配的自由状态下容易变形(如变成椭圆形)，但在装入外壳孔和轴之后，这种变形又容易得到矫正。因此，滚动轴承国家标准 GB/T 4199—2003《滚动轴承　公差定义》规定了轴承内、外径的平均直径 d_{mp} 和 D_{mp} 的公差，目的是控制轴承的变形程度及轴承与轴径和外壳孔的配合精度。平均直径的数值是轴承内、外径局部实际尺寸的最大值与最小值的平均值。国家标准 GB/T 307.1—2005《滚动轴承　向心轴承　公差》规定了 0、6、5、4、2 各公差等级的轴承的内径和外径的公差带均采用单向制，而且统一采用公差带位于公称直径为零线的下方，即上偏差为零，下偏差为负值的分布，如图 5.3 所示。0、6 级向心轴承和向心推力球轴承的内、外圈平均直径的极限偏差见表 5.2 和表 5.3。

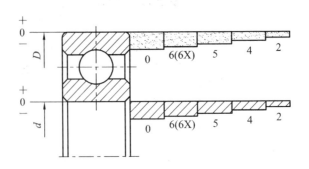

图 5.3　轴承内径、外径公差带的分布

表 5.2　0、6 级内圈平均直径的极限偏差（GB/T 307.1—2005）

d/mm			>10～18	>18～30	>30～50	>50～80	>80～120	>120～180
Δ_{dmp} /μm	0 级	上偏差	0	0	0	0	0	0
		下偏差	−8	−10	−12	−15	−20	−25
	6 级	上偏差	0	0	0	0	0	0
		下偏差	−7	−8	−10	−12	−15	−18

表 5.3　0、6 级外圈平均直径的极限偏差（GB/T 307.1—2005）

D/mm			>30～50	>50～80	>80～120	>120～150	>150～180	>180～250
Δ_{Dmp} /μm	0 级	上偏差	0	0	0	0	0	0
		下偏差	−11	−13	−15	−18	−25	−30
	6 级	上偏差	0	0	0	0	0	0
		下偏差	−9	−11	−13	−15	−18	−20

　　由于滚动轴承是精密的标准部件，使用时不能再进行附加加工。因此，轴承内圈与轴采用基孔制配合，外圈与外壳孔采用基轴制配合。

　　由图 5.4 可见，在轴承内圈与轴的基孔制配合中，轴的各种公差带与一般圆柱结合基孔制配合中的轴公差带相同；但作为基准孔的轴承内圈孔，其公差带位置和大小都与一般基准孔不同。一般基准孔的公差带布置在零线之上，而轴承内圈孔的公差带则是布置在零线之下，并且公差带的大小不是采用《极限与配合》标准中的标准公差，而是用轴承内圈平均内径（d_{mp}）的公差。

　　正是由于这种特殊的布置，给配合带来了一个特点，即在采用相同的轴公差带的前提下，其所得到的配合比一般基孔制的相应配合要紧一些。这是为了适应滚动轴承配合的特殊需要，因为在多数情况下，轴承内圈是随传动轴一起转动传递扭矩，并且不允许轴孔之间有相对运动，所以两者的配合应具有一定的过盈。但因内圈是薄壁零件，又常需维修拆

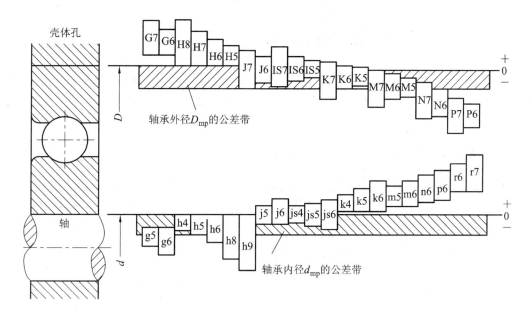

图 5.4　滚动轴承与轴、外壳孔配合的公差带图

换，故过盈量又不宜过大。为此国家标准规定，所有精度级轴承内圈 d_{mp} 的公差带布置于零线的下侧。这样当其与过渡配合中的 k6、m6、n6 等轴构成配合时，将获得比一般基孔制过渡配合规定的过盈量稍大的过盈配合；当与 g6、h6 等轴构成配合时，不再是间隙配合，而成为过渡配合。

在轴承外圈与外壳孔的基轴制配合中，外壳孔的各种公差带与一般圆柱结合基轴制配合中的孔公差带相同；作为基准轴的轴承外圈圆柱面，其公差带位置虽与一般基准轴相同，但其公差带的大小不采用《极限与配合》标准中的标准公差，而是用轴承外圈平均外径（D_{mp}）的公差，所以其公差带也是特殊的。多数情况下，轴承内圈和传动轴一起转动，外圈安装在壳体孔中不动，故外圈与壳体孔的配合不要求太紧。因此，所有精度级轴承外圈 D_{mp} 的公差带位置仍按一般基轴制规定，将其布置在零线的下侧。

应当指出，由于滚动轴承结合面的公差带是特别规定的，因此，在装配图上对轴承的配合仅标注基本尺寸及轴和外壳孔的公差带代号，如图 5.5 所示。

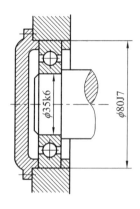

图 5.5　轴颈和外壳孔公差在图样上的标注

5.4　滚动轴承与轴和壳体的配合

滚动轴承配合件是指与滚动轴承内圈孔和外圈轴相配合的传动轴颈和箱体外壳孔。滚动轴承内圈与轴颈配合采用基孔制，滚动轴承外圈与外壳孔配合采用基轴制，这是滚动轴承配合基准制的特点。

5.4.1　轴颈和外壳孔的公差带

由于滚动轴承是标准件，轴承内圈孔径和外圈轴径公差带在制造时已确定，因此轴承与轴径和外壳孔的配合需由轴径和外壳孔的公差带决定，故选择轴承的配合就是确定轴径和外壳孔的公差带，国家标准 GB/T 273.3—2015 所规定的轴径和外壳孔的公差带参见图 5.6 和图 5.7。

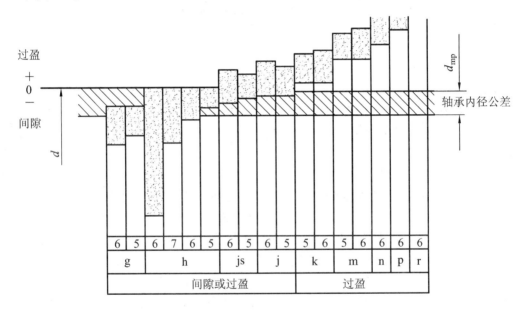

图 5.6　轴承内圈孔与轴径配合的常用公差带关系图

图 5.6 和图 5.7 中，Δd_{mp} 为轴承内圈单一平面平均内孔直径的偏差，ΔD_{mp} 为轴承外圈单一平面平均外径的偏差。该公差带仅适用于以下场合：

（1）轴承外形尺寸符合 GB/T 273.3—1999《滚动轴承　向心轴承　外形尺寸总方案》的规定；

（2）轴承的精度等级为 0 级和 6(6X)级；

（3）轴承游隙符合 GB/T 4604—1993《滚动轴承　径向游隙》中的 0 组；

（4）轴为实心或厚壁钢制轴；

（5）外壳为铸钢或铸铁制件。本标准不适用于无内(外)圈的轴承和特殊用途轴承，如飞机机架轴承、仪器轴承。

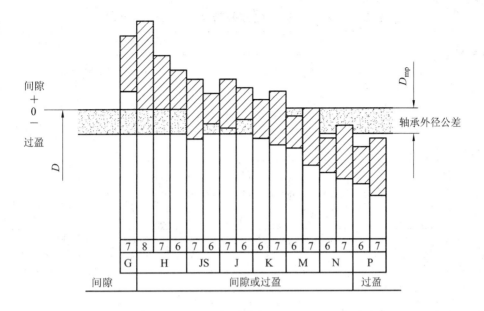

图 5.7　轴承外圈轴与外壳孔配合的常用公差带关系图

由于图 5.6 中孔的公差带在零线之下，而 GB/T 1801—2009 圆柱公差标准中孔的公差带在零线之上，因此滚动轴承的配合可以由图中清楚地看出，如它的基准面(内圈内径、外圈外径)公差带与轴颈或外壳孔尺寸偏差的相对关系。显然，轴承内圈与轴颈的配合比 GB/T 1801—2009 中基孔制同名配合紧一些。对轴承内圈与轴的配合而言，圆柱公差标准中的许多间隙配合在这里实际已变成过渡配合，如常用配合中，g5、g6、h5、h6 的配合已变成过渡配合；而有的过渡配合在这里实际已成为过盈配合，如常用配合中，k5、k6、m5、m6 的配合已变成过盈配合；其余配合也都有所变紧。而轴承外圈与外壳孔的配合与 GB/T 1801—2009 圆柱公差标准规定的基轴制同类配合相比较，虽然尺寸公差值有所不同，但配合性质基本一致。只是由于轴承外径的公差值较小，因而配合也稍紧，如 H6、H7、H8 已成为过渡配合。

5.4.2　滚动轴承配合的选择

选择滚动轴承配合之前，必须首先确定轴承的精度等级。精度等级确定后，轴承内、外圈基准结合面的公差带也就随之确定。因此，选择配合其实就是选择与内圈结合的轴的公差带及与外圈结合的孔的公差带。

1. 轴和外壳孔的公差带

滚动轴承基准结合面的公差带单向布置在零线下侧，既可满足各种旋转机构不同配合性质的需要，又可以按照标准公差来制造与之相配合的零件。

国家标准 GB/T 275—1993《滚动轴承与轴和外壳的配合》规定的公差带见表 5.4，其公差带图见图 5.4。

表 5.4 轴和外壳孔的公差带(GB/T 275—1993)

轴承精度	轴公差带		外壳孔公差带		
	过渡配合	过盈配合	间隙配合	过渡配合	过盈配合
0	h9 h8 g6、h6、j6、js6 g5、h5、j5	r7 k6、m6、n6、p6、r6 k5、m5	H8 G7、H7 H6	J7、JS7、K7、M7、N7 J6、JS6、K6、M6、N6	P7 P6
6	g6、h6、j6、js6 g5、h5、j5	r7 k6、m6、n6、p6、r6 k5、m5	H8 G7、H7 H6	J7、JS7、K7、M7、N7 J6、JS6、K6、M6、N6	P7 P6
5	h5、j5、js5	k6、m6 k5、m5	G6、H6	JS6、K6、M6 JS5、K5、M5	
4	h5、js5 h4、js4	k5、m5 k4	H5	K6 JS5、K5、M5	

注：(1) 孔 N6 与 0 级精度轴承(外径 D<150 mm)和 6 级精度轴承(外径 D<315 mm)的配合为过渡配合。

(2) 轴 r6 用于内径 d>120~500 mm 时，轴 r7 用于内径 d>180~500 mm 时。

2. 轴和外壳孔公差带的选用

正确地选用轴和外壳孔的公差带，对于充分发挥轴承的技术性能和保证机构的运转质量、使用寿命有着重要的意义。

影响公差带选用的因素较多，如轴承的工作条件(负荷类型、负荷大小、工作温度、旋转精度、轴向游隙)，配合零件的结构、材料，公差等级的选择等。

1) 负荷类型

作用在轴承上的合成径向负荷是由定向负荷和旋转负荷合成的。若合成径向负荷的作用方向是固定不变的，则称为定向负荷(如皮带的拉力、齿轮的传递力)；若合成径向负荷的作用方向是随套圈(内圈或外圈)一起旋转的，则称为旋转负荷(如镗孔时的切削力)。根据套圈工作时相对于合成径向负荷的方向，可将负荷分为三种类型：局部负荷、循环负荷和摆动负荷。

(1) 局部负荷。作用在轴承上的合成径向负荷与套圈相对静止，即负荷合成方向始终不变地作用在套圈滚道的局部区域，该套圈所承受的这种负荷称为局部负荷。图 5.8(a)所示的不旋转的外圈和图 5.8(b)所示的不旋转的内圈，受到方向始终不变的负荷 F_r 的作用，前者称为固定的外圈负荷，后者称为固定的内圈负荷。此时，套圈相对于负荷方向静止，其受力特点是负荷集中作用，套圈滚道局部容易产生磨损。

(2) 循环负荷。作用于轴承上的合成径向负荷与套圈相对旋转，即合成径向负荷顺次作用在套圈滚道的整个圆周上，该套圈所承受的这种负荷称为循环负荷。图 5.8(a)所示的旋转的内圈和图 5.8(b)所示的旋转的外圈，此时相对于套圈负荷 F_r 的方向旋转，前者称为旋转的内圈负荷，后者称为旋转的外圈负荷。循环负荷的特点是周期性作用，套圈滚道产生均匀磨损。

(3) 摆动负荷。作用于轴承上的合成径向负荷与所承受的套圈在一定区域内相对摆

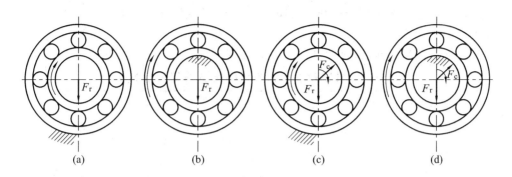

图 5.8　轴承承受的负荷类型

动，即合成径向负荷按一定的规律变化，往复作用在套圈滚道的局部圆周上，该套圈所承受的负荷称为摆动负荷。如图 5.8(c)和(d)所示，轴承承受一个大小和方向不变的径向负荷 F_r 和一个旋转的径向负荷 F_c，两者的合成径向负荷将由小到大，然后由大到小，周期性变化。两者的变化情况如图 5.9 所示，当 $F_r > F_c$ 时，两者的合成负荷在 AB 区域摆动，此时固定套圈承受摆动负荷，旋转套圈承受旋转负荷；当 $F_r < F_c$ 时，两者的合成负荷在整个圆周内变动，此时固定套圈承受旋转负荷，而旋转套圈承受摆动负荷。

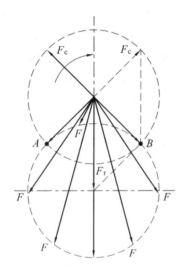

图 5.9　合成径向负荷的变化情况

　　轴承套圈承受的负荷类型不同，选择轴承配合的松紧程度也应不同。承受局部负荷的套圈，局部滚道始终受力，磨损集中，其配合应选松一些(选较松的过渡配合或具有极小间隙的间隙配合)。这是为了让套圈在振动、冲击和摩擦力矩的带动下缓慢转位，以充分利用全部滚道并使磨损均匀，从而延长轴承的寿命。但配合也不能过松，否则会引起套圈在相配件上滑动而使结合面磨损。对于旋转精度及速度有要求的场合(如机床主轴和电机轴上的轴承)，不允许套圈转位，以免影响支承精度。

　　承受循环负荷的套圈，滚道各点循环受力，磨损均匀，其配合应选紧一些(选较紧的过渡配合或过盈量较小的过盈配合)。套圈与轴颈或外壳孔之间工作时不允许产生相对滑动，以免结合面磨损，并且要求在全圆周上具有稳固的支承，以保证负荷分布最佳，从而充分发挥轴承的承载力。但配合的过盈量也不能太大，否则会使轴承内部的游隙减少以致完全消失，产生过大的接触应力，影响轴承的工作性能。承受摆动负荷的套圈，其配合松紧介于循环负荷与局部负荷之间。

根据所受负荷的类型，可参考表 5.5 确定配合类别。

表 5.5 根据轴承所受负荷的类型确定配合类别

径向负荷与套圈的相对关系	负荷的类型	配合的选择
相对静止	局部负荷	选松一些的配合，如较松的过渡配合或间隙较小的间隙配合
相对旋转	循环负荷	选紧一些的配合，如过盈配合或较紧的过渡配合
相对于套圈在有限范围内摆动	摆动负荷	选循环负荷或略松一点的配合

2）负荷大小

GB/T 275—1993 中将向心轴承负荷，根据径向当量动负荷 P_r 与径向额定负荷 C_r 的比值大小分为三类：轻负荷（$P_r \leqslant 0.07C_r$）、正常负荷（$0.07C_r < P_r \leqslant 0.15C_r$）、重负荷（$P_r > 0.15C_r$）。其中，$C_r$ 为轴承的额定负荷，其数据可以从有关手册中查找。在负荷的作用下，套圈会发生变形，使配合面受力不均匀，引起松动。因此，承受较重的负荷或冲击负荷时，将引起轴承较大的变形，使结合面间实际过盈减小和轴承内部的实际间隙增大，这时为了使轴承运转正常，应选较大的过盈配合。同理，承受较轻的负荷时，可选较小的过盈配合。

在设计工作中，选择轴承的配合通常采用类比法，有时为了安全起见才用计算法校核。用类比法确定轴和外壳孔的公差带时，可应用滚动轴承标准推荐的资料进行选取，见表 5.6～表 5.9。

表 5.6 与向心轴承配合的外壳孔公差带（GB/T 275—1993）

运转状态		负荷状态	其他状况		公差带[①]	
说明	应用举例				球轴承	滚子轴承
固定的外圈负荷	一般机械、铁路机车车辆轴箱、电动机、泵、曲轴主轴承	轻、正常、重负荷	轴向容易移动	轴处于高温度下工作	G7	
				采用剖分式外壳	H7	
		冲击负荷	轴向能移动，采用整体式或剖分式外壳		J7、JS7	
		轻、正常负荷				
摆动负荷		正常、重负荷			K7	
		冲击负荷			M7	
旋转的外圈负荷	张紧滑轮、轮毂轴承	轻负荷	轴向不移动，采用整体式外壳		J7	K7
		正常负荷			K7、M7	M7、N7
		重负荷			—	N7、P7

注：① 并列公差带随尺寸的增大从左到右选择；对旋转精度要求较高时，可相应提高一个标准公差等级。

表 5.7　安装向心轴承和角接触轴承的轴颈公差带(摘自 GB/T 275—1993)

内圈工作条件		应用举例	向心球轴承和角接触球轴承	圆柱滚子轴承和圆锥滚子轴承	调心滚子轴承	公差带
旋转状态	负荷		轴承公称内径/mm			
圆柱孔轴承						
内圈相对于负荷方向旋转或摆动	轻负荷	电器仪表、机床主轴、精密机械、泵、通风机传送带	≤18	—	—	h5
			>18~100	≤40	≤40	j6①
			>100~200	>40~140	>40~100	k6①
			—	>140~200	>100~200	m6①
	正常负荷	一般通用机械、电动机、涡轮机、泵、内燃机、变速箱、木工机械	≤18	—	—	j5,js5
			>18~100	≤40	≤40	k5②
			>100~140	>40~100	>40~65	m5②
			>140~200	>100~140	>65~100	m6
			>200~280	>140~200	>100~140	n6
			—	>200~400	>140~280	p6
			—	—	>280~500	r6
			—	—	>500	r7
	重负荷	铁路车辆和电车的轴箱、牵引电动机、轧机、破碎机等重型机械	—	>50~140	>50~100	n6③
			—	>140~200	>100~140	p6③
			—	>200	>140~200	r6③
			—	—	>200	r7③
内圈相对于负荷方向静止	各类负荷	静止轴上的各种轮子内圈必须在轴向容易移动	所有尺寸			g6①
		张紧滑轮、绳索轮内圈不必要在轴向移动	所有尺寸			h6①
纯轴向负荷		所有应用场合	所有尺寸			j6 或 js6
圆锥孔轴承(带锥形套)						
所有负荷		火车和电车的轴箱	装在退卸套上的所有尺寸			h8(IT6)④
		一般机械传动	装在紧定套上的所有尺寸			h9(IT7)⑤

注：① 对精度有较高要求的场合,应选用 j5、k5、… 代替 j6、k6、…;

② 单列圆锥滚子轴承和单列角接触球轴承,因内部游隙的影响不重要,故可用 k6 和 m6 代替 k5 和 m5;

③ 重负荷下轴承游隙应选大于 0 组;

④ 凡有较高精度或转速要求的场合,应选用 h7 及轴径形状公差 IT5 代替 h8(IT6);

⑤ 尺寸≥500 mm,轴径形状公差为 IT7。

表 5.8 　安装推力轴承的外壳孔公差带(摘自 GB/T 275—1993)

座圈工作条件		轴承类型	外壳孔公差带
仅有轴向负荷		推力球轴承	H8
		推力圆柱滚子轴承	H7
		推力调心滚子轴承	外壳孔与座圈之间的间隙为 0.001D(D 为轴承公称外径)
径向和轴向联合负荷	座圈相对于负荷方向静止或摆动	推力调心滚子轴承	H7
	座圈相对于负荷方向旋转		M7

注:外壳孔与座圈之间的配合间隙为 0.0001D(D 为轴承公称外径)。

表 5.9 　安装推力轴承的轴颈公差带(摘自 GB/T 275—1993)

轴圈工作条件		推力球和圆柱滚子轴承	推力调心滚子轴承	轴径公差带
		轴承公称内径/mm		
纯轴向负荷		所有尺寸	所有尺寸	j6 或 js6
径向和轴向联合负荷	轴圈相对于负荷方向静止	—	≤250	j6
		—	>250	js6
	轴圈相对于负荷方向旋转或摆动	—	≤200	k6
		—	>200~400	m6
		—	>400	n6

3)轴承尺寸

随着轴承尺寸的增大,选择过盈配合时,其过盈量应随之增大;选择间隙配合时,其间隙量应随之增大。例如受局部负荷的轴承,随着轴承直径的加大,选择的配合应相应变松,即间隙逐渐增大,以使套圈沿配合表面有足够的移动。受循环负荷的轴承,随直径的加大,选择的配合应相应变紧,即过盈逐渐增大,以保证有足够的结合强度。

4)轴承游隙

采用过盈配合会导致游隙减小。在一般情况下,如果轴承具有 0 组游隙,在正常条件下工作,则轴承配合的过盈量应适中。但轴承的两个套圈之一采用过盈量较大的配合时,应选择大于 0 组径向游隙的轴承。因此,所选取的轴承径向游隙满足由过盈配合而产生的游隙变化时,仍能保证轴承具有良好的工作性能。

5)工作温度

轴承运转时,由于摩擦发热等因素的影响,套圈温度一般均高于相配零件的温度。外圈的热膨胀会使外圈与外壳孔的配合变紧,内圈因热胀可能与轴的配合变松。因此在选择配合时,应充分考虑轴承装置在工作时各部分的温度差及热传导的方向。轴承负荷越大,转速越高,与相配合零件的温差越大,则选择轴承与轴颈的配合应越紧,与外壳孔的配合应越松。

6)轴和轴承座的结构和材料

轴承安装在薄壁外壳中或空心轴上,过盈配合会引起外壳孔胀大或空心轴收缩,为了保证连接强度,应选择加紧的配合。对于轻金属合金外壳,应选择比钢或铸铁外壳较紧的配合。

7）公差等级的选择

与轴承配合的轴或外壳孔的公差等级与轴承精度有关。与 0、6、6X 公差等级的轴承配合的轴，其公差等级一般为 IT6，外壳孔一般为 IT7。当对旋转精度和运转平稳性有较高要求时，应提高轴承公差等级，轴承配合部位也应按相应精度提高。对于有严格要求的高精度支承的轴承，不宜采用间隙配合。同时，对于轴和外壳孔的形位公差也应有较高要求。

5.5　配合表面及端面的形位公差和表面粗糙度

轴颈和外壳孔的公差带确定以后，为了保证轴承的工作质量及使用寿命，还应规定相应的形位公差及表面粗糙度值，国家标准推荐的形位公差及表面粗糙度值如表 5.10 和表 5.11 所示，供设计时选取。

表 5.10　轴颈和外壳孔的形位公差（GB/T 275—1993）

轴承公称内、外径/mm	圆柱度				端面圆跳动			
	轴颈		外壳孔		轴肩		外壳孔肩	
	轴承精度等级							
	0	6、6X	0	6、6X	0	6、6X	0	6、6X
	公差值/μm							
>18～30	4	2.5	6	4	10	6	15	10
>30～50	4	2.5	7	4	12	8	20	12
>50～80	5	3	8	5	15	10	25	15
>80～120	6	4	10	6	15	10	25	15
>120～180	8	5	12	8	20	12	30	20
>180～250	10	7	14	10	20	12	30	20

表 5.11　轴颈和外壳孔的表面粗糙度（GB/T 275—1993）

配合表面	轴承精度等级	配合面的尺寸公差等级	轴承公称内、外径/mm	
			≤80	>80～500
			表面粗糙度参数 Ra 值/μm	
轴　颈	0	IT6	≤0.8	≤1.6
外壳孔		IT7	≤1.6	≤3.2
轴　颈	6	IT5	≤0.4	≤0.8
外壳孔		IT6	≤0.8	≤1.6
轴和外壳孔肩端面	0		≤3.2	
	6		≤1.6	

注：轴承装在紧定套或退卸套上时，轴颈表面的粗糙度参数 Ra 值不大于 2.5 μm。

为了保证轴承与轴颈、外壳孔的配合性质，轴颈和外壳孔应满足包容要求。此外，无论轴颈还是外壳孔，若存在较大的形状误差，则轴承与它们安装后，套圈会产生变形，这就必须对轴颈和外壳孔规定更严格的圆柱度公差。

　　轴肩和外壳孔肩的端面是安装轴承的轴向定位面，若它们存在较大的垂直度误差，则轴承安装后会产生歪斜，因此应规定轴肩和外壳孔肩的端面对基准轴线的端面跳动公差。

　　表面粗糙度值的高低直接影响着配合质量和连接强度，因此，凡是与轴承内、外圈配合的表面通常都对表面粗糙度提出了较高的要求。

　　轴颈和外壳孔的各项公差在图样上的标注示例如图 5.10 所示。

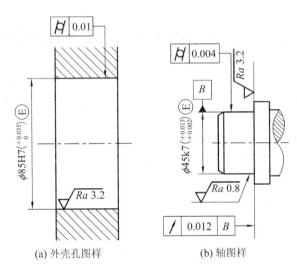

(a) 外壳孔图样　　　　　　(b) 轴图样

图 5.10　轴颈和外壳孔形位公差及表面粗糙度的标注

复 习 与 思 考

1. 滚动轴承的外圈外径和内圈内径的尺寸公差有什么特点？

2. 滚动轴承的外互换与内互换含义是什么？

3. 滚动轴承内圈与轴颈、外圈与外壳孔的配合各采用什么基准制？为什么？

4. 在选择滚动轴承与轴颈和外壳孔的配合时应考虑的主要因素是什么？

5. 滚动轴承公差与配合的标注有何特点？

6. 选择题

(1) 拖拉机车辆中的滚动轴承外圈随车辆一起转动，此时外圈所受的负荷为 _____。

　A. 定向负荷　　　B. 旋转负荷　　　C. 摆动负荷　　　　D. 摆动或旋转负荷

(2) 轴承内径与 g5、g6、h5、h6 的轴配合属于_____。

　A. 间隙配合　　　B. 过渡配合　　　C. 过盈配合

(3) 滚动轴承负荷的类型有_____。

　A. 局部负荷　　　B. 循环负荷　　　C. 摆动负荷　　　　D. 冲击负荷

(4) 减速器输入轴的轴承内圈承受的是_____。

　A. 局部负荷　　　B. 循环负荷　　　C. 摆动负荷

(5) 滚动轴承外圈与基本偏差为 H 的外壳孔形成_____配合。

　A. 间隙　　　　　B. 过渡　　　　　C. 过盈

(6) 普通机床主轴前轴轴承和后轴轴承多用_____级。

A. P4、P5　　　　　B. P5、P6　　　　　C. P2、P6　　　　　D. P6、P5

（7）承受循环负荷的套圈与轴或外壳孔的配合一般应采用 _____ 配合。

A. 小间隙　　　　B. 小过盈　　　　C. 较紧的过渡　　　D. 较松的过渡

（8）对于承受局部负荷的套圈与轴或外壳孔的配合一般宜采用 _____ 配合。

A. 小间隙　　　　B. 小过盈　　　　C. 较紧的过渡　　　D. 较松的过渡

（9）当承受冲击负荷或超重负荷时，一般应选择比正常、轻负荷时 _____ 的配合。

A. 更松　　　　　B. 更紧　　　　　C. 一样

（10）我国机械制造业中，目前应用最广的滚动轴承是 _____ 。

A. /P2 级　　　B. /P4 级　　　C. /P5 级　　　D. /P6 级　　　E. /P0 级

（11）选择滚动轴承与轴颈、外壳孔的配合时，首先应考虑的因素是 _____ 。

A. 轴承的径向游隙

B. 轴承外圈相对于负荷方向的运动状态和所受负荷的大小

C. 轴和外壳的材料和结构

D. 轴承的工作温度

（12）当滚动轴承所承受的负荷 $P > 0.15C$ 时应选用 _____ 的过盈配合。

A. 较大　　　　B. 较小　　　　C. 较大或较小均可

（13）对于重型机械上使用的大尺寸的滚动轴承，应选用 _____ 。

A. 较大的过盈配合　　　　　　　B. 较小的过盈配合

C. 过渡配合　　　　　　　　　　D. 间隙配合

（14）大多数情况下，滚动轴承为了防止内圈和轴颈的配合面产生磨损，要求配合具有 _____ 。

A. 较小的间隙　　　　　　　　　B. 较大的间隙

C. 较小的过盈　　　　　　　　　D. 较大的过盈

（15）滚动轴承承受循环载荷的配合应比承受局部载荷的配合 _____ 。

A. 较松　　　　B. 较紧　　　　C. 松紧程度一样

7. 已知某通用减速器输出轴装有 6209 型深沟球轴承（$d = 45$ mm，$D = 85$ mm）。轴承内圈旋转，外圈固定。径向负荷 P_r 为 3500 N，额定动负荷 $C_r = 24\,000$ N，试确定轴颈和外壳孔的公差带代号，几何公差和表面粗糙度参数值，并将它们分别标注在装配图 5.11 和零件图上。

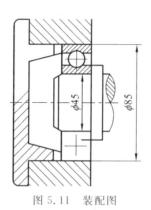

图 5.11　装配图

第6章　键和花键的公差与配合

键连接与花键连接用于将轴与轴上传动件(如齿轮、链轮、皮带轮或联轴器等)连接起来,以传递扭矩、运动,有时也用于轴上传动件的导向,如变速箱中的齿轮可以沿花键轴移动以达到变换速度的目的。

6.1　平键公差与配合

键通常称为单键,按其结构形式不同分为平键、半圆键、切向键和楔形键等几种。其中,平键应用最为广泛,平键又分为普通型平键、导向型平键和薄型平键,前者用于固定连接,后两者用于导向连接。本节主要讨论平键连接。

平键通过键的侧面和键槽侧面传递扭矩,两侧面间的尺寸是平键连接的重要尺寸,其配合精度较高。平键的对中性良好,拆装方便。导向平键适用于轴上零件可沿轴向移动的场合;薄型平键适用于空心轴、薄壁结构和传递扭矩小、主要传递运动的场合或其他特殊的场合。

平键连接是由键、轴、轮毂三个零件组成的,通过键的侧面分别与轴槽、轮毂槽的侧面接触来传递运动和扭矩,键的上表面和轮毂槽底面留有一定的间隙。因此,键和轴槽的侧面应有足够大的实际有效接触面积来承受负荷,并且键嵌入轴槽要牢固可靠,防止松动脱落。所以,键和键槽宽 b 是决定配合性质和配合精度的主要参数,为主要配合尺寸,公差等级要求高;而键长 L、键高 h、轴槽 t_1 和轮毂槽 t_2 为非配合尺寸,其精度要求较低。

平键连接的剖面尺寸均已标准化,在 GB/T 1095—2003《平键　键槽的剖面尺寸》中作了规定。平键连接的几何参数如图 6.1 所示,其参数值见表 6.1。

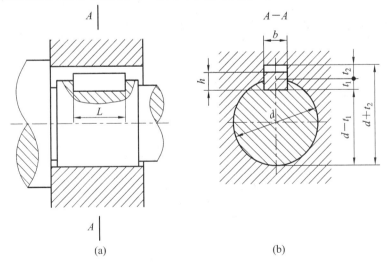

(a) 　　　　　　　　　　　　(b)

图 6.1　普通平键连接结构

表 6.1　普通平键键槽尺寸与公差（GB/T 1095—2003）　　　　mm

直径 d 大于	直径 d 至	键尺寸 b×h 基本尺寸	宽度 b 基本尺寸	极限偏差 正常连接 轴 N9	极限偏差 正常连接 毂 JS9	极限偏差 紧密连接 轴和毂 P9	极限偏差 松连接 轴 H9	极限偏差 松连接 毂 D10	深度 轴槽 t1 基本尺寸	深度 轴槽 t1 极限偏差	深度 毂轮 t2 基本尺寸	深度 毂轮 t2 极限偏差	半径 r min	半径 r max
≥6	8	2×2	2	-0.004/-0.029	±0.0125	-0.006/-0.031	+0.025/0	+0.060/+0.020	1.2	0/-0.1	1.0	+0.1/0	0.08	0.16
8	10	3×3	3						1.8		1.4			
10	12	4×4	4	0/-0.030	±0.015	-0.012/-0.042	+0.030/0	+0.078/+0.030	2.5		1.8		0.16	0.25
12	17	5×5	5						3.0		2.3			
17	22	6×6	6						3.5		2.8			
22	30	8×7	8	0/-0.036	±0.018	-0.015/-0.051	+0.036/0	+0.098/+0.040	4.0	0/-0.2	3.3	+0.2/0	0.25	0.40
30	38	10×8	10						5.0		3.3			
38	44	12×8	12	0/-0.043	±0.0215	-0.018/-0.061	+0.043/0	+0.120/+0.050	5.0		3.3			
44	50	14×9	14						5.5		3.8			
50	58	16×10	16						6.0		4.3			
58	65	18×11	18						7.0		4.4			
65	75	20×12	20	0/-0.052	±0.026	-0.022/-0.074	+0.052/0	+0.149/+0.065	7.5		4.9		0.40	0.60
75	85	22×14	22						9.0		5.4			
85	95	25×14	25						9.0		5.4			
95	110	28×16	28						10.0		6.4			
110	130	32×18	32	0/-0.062	±0.031	-0.026/-0.088	+0.062/0	+0.180/+0.080	11.0	0/-0.2	7.4	+0.2/0	0.40	0.60
130	150	36×20	36						12.0	0/-0.3	8.4	+0.3/0	0.70	1.00
150	170	40×22	40						13.0		9.4			
170	200	45×25	45						15.0		10.4			
200	230	50×28	50						17.0		11.4			
230	260	60×32	56	0/-0.074	±0.037	-0.032/-0.106	+0.074/0	+0.220/+0.100	20.0		12.4		1.20	1.60
260	290	63×32	63						20.0		12.4			
290	330	70×36	70						22.0		14.4			
330	380	80×40	80						25.0		15.4		2.00	2.50
380	440	90×45	90	0/-0.087	±0.0435	-0.037/-0.124	+0.087/0	+0.260/+0.120	28.0		17.4			
440	500	100×50	100						31.0		19.5			

6.1.1　平键和键槽配合尺寸的公差带与配合种类

在键与键槽的配合中，键宽相当于广义的"轴"，键槽相当于广义的"孔"。键同时要与轴槽和轮毂槽配合，而且配合性质不同。由于平键是标准件，因此平键配合采用基轴制。键的尺寸大小是根据轴的直径按表 6.1 选取的。

为保证键在轴槽上紧固，同时又便于拆装，轴槽和轮毂槽可以采用不同的公差带，使其配合的松紧不同，国家标准 GB/T 1095—2003《平键　键槽的剖面尺寸》对平键与键槽和轮毂槽的宽度规定了三种连接类型，即松连接、正常连接和紧密连接，对轴和轮毂的键槽宽各规定了三种公差带,见表 6.1。

　　国家标准 GB/T 1095—2003《平键　键槽的剖面尺寸》对键宽规定了一种公差带 h8,普通平键的尺寸与公差见表 6.2,这样就构成了三种不同性质的配合,以满足各种不同用途的需要。配合尺寸(键与键槽宽)的公差带均从 GB/T 1801—2009 标准中选取,键宽、键槽宽、轮毂槽宽 b 的公差带及平键连接的配合与应用如表 6.3 所示。

表 6.2　普通平键的公差(GB/T 1096—2003)　　　　　　　　　　mm

键宽 b	基本尺寸		2	3	4	5	6	8	10	12	14	16	18	20	22	25	28
	极限偏差(h8)		$\begin{array}{c}0\\-0.014\end{array}$		$\begin{array}{c}0\\-0.018\end{array}$			$\begin{array}{c}0\\-0.022\end{array}$		$\begin{array}{c}0\\-0.027\end{array}$				$\begin{array}{c}0\\-0.033\end{array}$			
键高 h	基本尺寸		2	3	4	5	6	7	8	8	9	10	11	12	14	16	18
	极限偏差	矩形(h11)	—							$\begin{array}{c}0\\-0.090\end{array}$				$\begin{array}{c}0\\-0.110\end{array}$			
		方形(h8)	$\begin{array}{c}0\\-0.014\end{array}$		$\begin{array}{c}0\\-0.018\end{array}$			—									

表 6.3　键宽、键槽宽、轮毂槽宽的公差带及平键连接的配合与应用

配合种类	尺寸 b 的公差带			应　　用
	键	轴槽	轮毂槽	
松连接	h8	H9	D10	键在轴上及轮毂中均能滑动,主要用于导向平键,轮毂可在轴上移动
正常连接		N9	JS9	键在轴槽和轮毂槽中均固定,用于载荷不大的场合
紧密连接		P9	P9	键在轴槽和轮毂槽中均牢固地固定,比一般键连接配合更紧,用于载荷较大、有冲击和双向传递扭矩的场合

6.1.2　平键和键槽非配合尺寸的公差带

　　平键高度 h 的公差带一般采用 h11;截面尺寸为 2×2 至 6×6 的平键,由于其宽度和高度不易区分,因此这种平键高度的公差带亦采用 h8,平键长度 L 的公差带采用 H14。轴槽深度 t_1 和轮毂槽深度 t_2 的极限偏差由国家标准专门规定,为了便于测量,在图样上对轴槽深度和轮毂槽深度分别标注"$d-t_1$"和"$d+t_2$",此处,d 为孔和轴的公称尺寸。

6.1.3　键槽的形位公差

　　键与键槽配合的松紧程度不仅取决于其配合尺寸的公差带,还与配合表面的形位误差有关,同时,为保证键侧面与键槽侧面之间有足够的接触面积,避免装配困难,还需规定键槽两侧面的中心平面对轴的基准轴线、轮毂键槽两侧面的中心平面对孔的基准轴线的对称度公差。根据不同的功能要求和键宽的基本尺寸 b,该对称度公差与键槽宽度公差的关系以及与孔、轴尺寸公差的关系可以采用独立原则,对称度公差等级可按 GB/T 1184—1996《形状和位置公差未注公差值》取 7~9 级。

6.1.4　平键和键槽的表面粗糙度

轴槽和轮毂槽的键槽宽度 b 两侧面的粗糙度参数按 GB/T 1031 选取，Ra 一般为 $1.6\sim$ $3.2\ \mu m$，轴槽底面、轮毂槽底面的表面粗糙度参数按 GB/T 1031 选取，Ra 值一般为 $6.3\ \mu m$。

6.1.5　键槽尺寸和公差在图样上的标注

普通平键有圆头（A 型）、平头（B 型）、单圆头（C 型）三种类型，其标记形式举例如下：

(1) 键 16×100 GB/T 1096 表示圆头普通平键（A）型，宽度 $=16$ mm，长度 $=100$ mm；

(2) 键 B18×100 GB/T 1096 表示平头普通平键（B 型），宽度 $=18$ mm，长度 $=$ 100 mm。

除 A 型可省略型号外，B 型和 C 型要注出型号。

轴槽和轮毂槽剖面尺寸及其公差带、键槽的形位公差和表面粗糙度要求在图样上的标注如图 6.2 所示，图中的对称度公差采用独立原则。

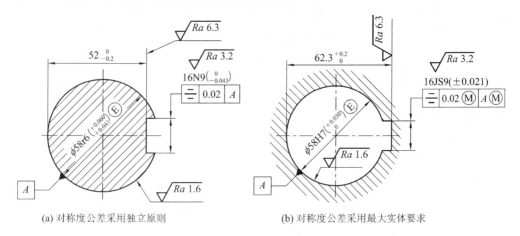

(a) 对称度公差采用独立原则　　　　　　　(b) 对称度公差采用最大实体要求

图 6.2　键槽尺寸与公差标注

6.2　矩　形　花　键

花键连接是由内花键（花键孔）和外花键（花键轴）两个零件组成的。与单键连接相比，其主要优点是导向性能好，定心精度高，承载能力强，在航空、汽车、拖拉机、机床、农业机械中应用比较广泛；加工工艺性良好，采用磨削方法能获得较高的精度。

花键连接可用作固定连接，也可用作滑动连接。花键按其截面形状的不同可分为矩形花键、渐开线花键、三角形花键等几种，其中矩形花键的应用最广。

6.2.1　矩形花键的基本尺寸

GB/T 1144—2001 规定了矩形花键的基本尺寸为大径 D、小径 d、键宽和键槽宽 B，如图 6.3 所示。键数规定为偶数，有 6、8、10 三种，以便于加工和测量。按承载能力的大小，矩形花键分为轻系列、中系列两种规格。同一小径的轻系列和中系列，其键数相同，键宽（键槽宽）也相同，仅大径不相同。中系列的键高尺寸较大，承载能力强；轻系列的键高尺寸较小，承载能力较低。矩形花键的基本尺寸系列见表 6.4。

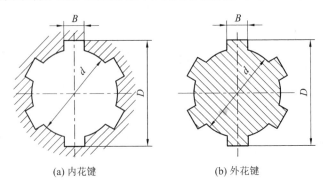

(a) 内花键　　　　　　　　　(b) 外花键

图 6.3　矩形花键的主要尺寸

表 6.4　矩形花键的基本尺寸系列（GB/T 1144—2001）　　　　　mm

小径 d	轻系列				中系列			
	规格	键数	大径	键宽	规格	键数	大径	键宽
	$N \times d \times D \times B$	N	D	B	$N \times d \times D \times B$	N	D	B
23	$6 \times 23 \times 26 \times 6$	6	26	6	$6 \times 23 \times 28 \times 6$	6	28	6
26	$6 \times 26 \times 30 \times 6$	6	30	6	$6 \times 26 \times 32 \times 6$	6	32	6
28	$6 \times 28 \times 32 \times 7$	6	32	7	$6 \times 28 \times 34 \times 7$	6	34	7
32	$8 \times 32 \times 36 \times 6$	8	36	6	$8 \times 32 \times 38 \times 6$	8	38	6
36	$8 \times 36 \times 40 \times 7$	8	40	7	$8 \times 36 \times 42 \times 7$	8	42	7
42	$8 \times 42 \times 46 \times 8$	8	46	8	$8 \times 42 \times 48 \times 8$	8	48	8
46	$8 \times 46 \times 50 \times 9$	8	50	9	$8 \times 46 \times 54 \times 9$	8	54	9
52	$8 \times 52 \times 58 \times 10$	8	58	10	$8 \times 52 \times 60 \times 10$	8	60	10
56	$8 \times 56 \times 62 \times 10$	8	62	10	$8 \times 56 \times 65 \times 10$	8	65	10
62	$8 \times 62 \times 68 \times 12$	8	68	12	$8 \times 62 \times 72 \times 12$	8	72	12
72	$10 \times 72 \times 78 \times 13$	10	78	12	$10 \times 72 \times 82 \times 12$	10	82	12

6.2.2　矩形花键连接的几何参数和定心方式

花键连接主要用于保证内、外花键连接后具有较高的同轴度，并能传递扭矩。在矩形花键连接中，要保证三个配合面同时达到高精度的配合可能是很困难的，且没必要。为了保证满足使用要求，同时便于加工，只要选择其中一个结合面作为主要配合面，对其按较高的精度制造，以保证配合性质和定心精度，该表面称为定心表面。

GB/T 1144—2001 中规定矩形花键连接采用小径定心的方式，内花键与外花键的小径精度较高，大径为非配合尺寸。非定心直径表面之间留有一定的间隙，以保证它们不接触。而无论是否采用键宽定心，键和键槽侧面的宽度 B 都应具有足够的精度，因为它们要传递扭矩和导向。

理论上，每个结合面都可以作为定心表面，如图 6.4 所示。GB/T 1144—2001 中规定矩形花键连接采用小径定心，见图 6.4(b)，这是因为现代工业对机械零件的质量要求不断提高，对花键连接的要求也不断提高。从加工工艺性看，内花键小径可以在内圆磨床上磨削，外花键小径可用成行形砂轮磨削，而且磨削可以达到更高的尺寸精度和更高的表面粗糙度要求。当采用小径定心时，热处理后的变形可用内圆磨修复。可以看出，小径定心的定心精度高，定心稳定性好，而且使用寿命长，更有利于产品质量的提高。

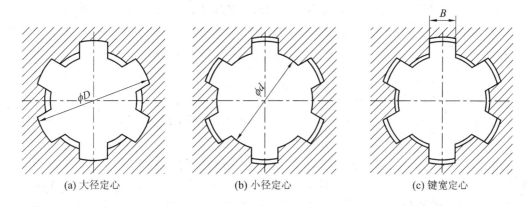

(a) 大径定心　　　　　　(b) 小径定心　　　　　　(c) 键宽定心

图 6.4　矩形花键连接的定心方式

　　当选用大径定心时，见图 6.4(a)，内花键定心表面的精度依靠拉刀保证，而当花键定心表面硬度要求高(如 HRC40 以上)时，热处理后的变形难以用拉刀修正。当内花键定心表面的粗糙度要求较高(如 $Ra < 0.40\ \mu m$)时，用拉削工艺很难保证达到要求。在单件小批量生产或花键尺寸较大时，不适宜使用拉削工艺，因为它很难满足大径定心的要求。

6.2.3　矩形花键连接的公差与配合

1. 矩形花键的尺寸公差

　　内、外花键定心小径、非定心大径和键宽(键槽宽)的尺寸公差带分为一般用和精密传动用两类，其内、外花键的尺寸公差带见表 6.5。为减少专用刀具和量具的数量，花键连接采用基孔制配合。

表 6.5　矩形花键的尺寸公差带　(GB/T 1144—2001)

内 花 键				外 花 键			装配形式
小径 d	大径 D	键槽宽 B		小径 d	大径 D	键宽 B	
		拉削后不热处理	拉削后热处理				
一 般 用							
H7	H10	H9	H11	f7	a11	d10	滑动
				g7		f9	紧滑动
				h7		H10	固定
精密传动用							
H5	H10	H7、H9		f5	a11	d8	滑动
				g5		f7	紧滑动
				h5		h8	固定
H6				f6		d8	滑动
				g6		f7	紧滑动
				h6		h8	固定

　　注：(1) 精密传动用的内花键当需要控制键侧配合间隙时，槽宽可选用 H7，一般情况可选用 H9。

　　　　(2) 当内花键公差带为 H6 和 H7 时，允许与高一级的外花键配合。

从表 6.5 中可以看出，对一般用内花键的槽宽规定了两种公差带，加工后不再热处理的，公差带为 H9；加工后需要进行热处理的，为修正热处理变形，公差带为 H11；对于精密传动用内花键，当连接要求键侧配合间隙较小时，槽宽公差带选用 H7，一般情况下选用 H9。

2. 矩形花键的配合及其选择

定心直径 d 的公差带在一般情况下，内、外花键取相同的公差等级，且比相应的大径 D 和键宽 B 的公差等级都高。但在有些情况下，内花键允许与高一级的外花键配合。例如，公差带为 H7 的内花键可以与公差带为 f6、g6、h6 的外花键配合，公差带为 H6 的内花键可以与公差带为 f5、g5、h5 的外花键配合，而大径只有一种配合，为 H10/a11。

内、外花键的装配形式（即配合）分为滑动、紧滑动和固定三种。其中，滑动连接的间隙较大，紧滑动连接的间隙次之，固定连接的间隙最小。

当内、外花键连接只传递扭矩而无相对轴向移动时，应选用配合间隙最小的固定连接；当内、外花键连接不但要传递扭矩，还要有相对轴向移动时，应选用滑动或紧滑动连接；而当移动频繁、移动距离长时，则应选用配合间隙较大的滑动连接，以保证运动灵活，而且确保配合面间有足够的润滑油层。为保证定心精度要求、工作表面载荷分布均匀或减少反向运转所产生的空程及其冲击，对定心精度要求高、传递扭矩大、运转中需经常反转的连接，应用配合间隙较小的紧滑动连接。表 6.6 列出了几种配合应用情况，以供参考。

表 6.6　矩形花键的配合应用

应 用	固 定 连 接		滑 动 连 接	
	配　合	特 征 及 应 用	配　合	特 征 及 应 用
精密传动用	H5/h5	紧固程度较高，可传递大扭矩	h5/g5	滑动程度较低，定心精度高，传递扭矩大
	H6/h6	传递中等扭矩	H6/f6	滑动程度中等，定心精度较高，传递中等扭矩
一般用	H7/h7	紧固程度较低，传递扭矩较小，可经常拆卸	H7/f7	移动频率高，移动长度大，定心精度要求不高

6.2.4　矩形花键连接的形位公差和表面粗糙度

1. 矩形花键的形位公差

加工内、外花键时，不可避免地会产生形位误差。为防止装配困难，并保证键和键槽侧面接触均匀，除用包容原则控制定心表面的形状误差外，还应控制花键（或花键槽）在圆周上分布的均匀性（即分度误差）。当花键较长时，还可根据产品性能要求进一步控制各个键或键槽侧面对定心表面轴线的平行度。

为保证花键（或花键槽）在圆周上分布的均匀性，应规定位置度公差，并采用最大实体要求。其在图样上的标注如图 6.5 所示，位置度公差见表 6.7。

表 6.7　矩形花键的位置度公差（GB/T 1144—2001）　　　　mm

键槽宽或键宽 B		3	3.5～6	7～10	12～18
t_1	键槽宽	0.010	0.015	0.020	0.025
	键宽　滑动、固定	0.010	0.015	0.020	0.025
	紧滑动	0.006	0.010	0.013	0.016

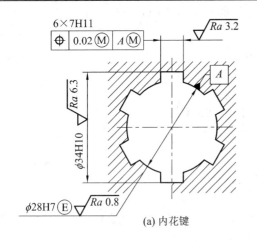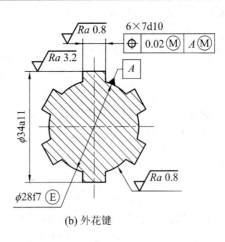

(a) 内花键　　　　　　　　　　　　　(b) 外花键

图 6.5　花键位置度公差的标注

当单件、小批生产时，应规定键（键槽）两侧面的中心平面对定心表面轴线的对称度和花键等分公差。其在图样上的标注如图 6.6 所示，花键的对称度公差见表 6.8。

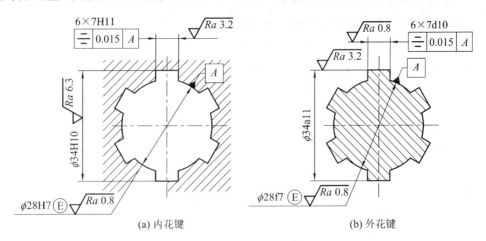

(a) 内花键　　　　　　　　　　　　　(b) 外花键

图 6.6　花键对称度公差的标注

表 6.8　矩形花键的对称度公差（GB/T 1144—2001）　　　　mm

键槽宽或键宽 B		3	3.5～6	7～10	12～18
t_2	一般用	0.010	0.012	0.015	0.018
	精密传动用	0.006	0.008	0.009	0.011

2. 矩形花键的表面粗糙度

矩形花键的表面粗糙度 Ra 的推荐上限值如下：

内花键：小径表面不大于 0.8 μm，键槽侧面不大于 3.2 μm，大径表面不大于 6.3 μm；

外花键：小径表面不大于 0.8 μm，键槽侧面不大于 0.8 μm，大径表面不大于 3.2 μm。

6.2.5　矩形花键连接的标记

矩形花键的规格表示为键数 N×小径 d×大径 D×键宽（键槽宽）B。例如，矩形花键的键数 N 为 6，小径 d 的配合为 23H7/f7，大径 D 的配合为 28H10/a11，键宽 B 的配合为 12H11/d10，其标记如下：

花键规格：$N \times d \times D \times B$，即 $6 \times 23 \times 28 \times 6$。

花键副：$6 \times 23 \dfrac{H7}{f7} \times 28 \dfrac{H10}{a11} \times 6 \dfrac{H11}{d10}$（GB/T 1144—2001）。

内花键：$6 \times 23H7 \times 28H10 \times 6H11$（GB/T 1144—2001）。

外花键：$6 \times 23f7 \times 28a11 \times 6d10$（GB/T 1144—2001）。

复 习 与 思 考

1．平键连接中，键宽与键槽宽的配合采用的是哪种基准制？为什么？

2．平键连接的配合种类有哪些？它们分别应用于什么场合？

3．什么叫矩形花键的定心方式？有哪几种定心方式？国标为什么规定只采用小径定心？

4．矩形花键连接的配合种类有哪些？各适用于什么场合？

5．影响花键连接的配合性质的因素有哪些？

6．平键连接有哪些几何公差要求？其数值是怎样的？

7．平键连接配合表面的粗糙度要求一般在多大数值范围内？

8．轴键槽和轮廓键槽深度尺寸的上、下偏差如何确定？

9．填空题。

（1）在平键连接中，配合尺寸是_____，其配合公差的特点是采用_____制。

（2）按照配合的松紧不同，普通平键分为_____、_____和紧密连接。

（3）国家标准规定，矩形花键用_____定心。

（4）键和花键通常用于连接_____、_____、_____等，以传递转矩与运动。

（5）内外花键的配合分为_____、_____和_____三种。

（6）在大批量生产中，键槽对称度误差由工艺保证，加工过程中一般不必_____。

（7）普通平键主要用于_____，导向平键主要用于_____。

（8）矩形花键连接的配合代号为 $6 \times 23f7 \times 26a11 \times 6d10$，其中 6 表示_____，23 表示_____，26 表示_____。

（9）为减少拉刀的数目，花键连接采用_____配合。

（10）花键连接按其键齿形状分为_____、_____和_____三种。

10．选择题。

（1）平键连接中，标准对轴槽宽度规定了_____种公差带。

A．1　　　　　　　B．2　　　　　　　C．3　　　　　　　D．4

(2) 键连接中配合尺寸是指 _____ 。

A. 键高　　　　　　B. 键宽　　　　　　C. 键长　　　　　　D. 轴长

(3) 轴槽和轮毂槽对轴线的 _____ 误差将直接影响平键连接的可装配性和工作接触情况。

A. 平等度　　　　　B. 对称度　　　　　C. 位置度　　　　　D. 垂直度

(4) 矩形花键连接有 ____个主要尺寸。

A. 1　　　　　　　B. 2　　　　　　　C. 3　　　　　　　D. 4

(5) 国家标准规定，矩形花键连接的定心方式为 _____ 。

A. 小径 d 定心　　B. 大径 D 定心　　C. 键侧 B 定心　　D. 键长 L 定心

(6) 花键中 _____ 的应用最广。

A. 矩形花键　　　　B. 三角形花键　　　C. 渐开线花键

(7) 内外花键的小径定心表面的形状误差遵循_____原则。

A. 最大实体　　　　B. 包容　　　　　　C. 独立

(8) 平键连接的非配合尺寸中，键高和键长的公差为 _____ 。

A. 键高 h11、键长 h14　　　　　　B. 键高 h9、键长 h14

C. 键高 h9、键长 h12　　　　　　D. 键高 js11、键长 js14

(9) 在航空、汽车和农用机械中，花键的应用比较广泛，花键连接与单键连接相比，有 _____ 的优点。

A. 定心精度高　　　　　　　　　B. 导向性好

C. 各部位所受负荷均匀　　　　　D. 连接可靠　　　　　　E. 传递较大扭矩

(10) 花键的分度误差一般用 _____ 公差来控制。

A. 平等度　　　　　　　　　　　B. 位置度

C. 对称度　　　　　　　　　　　D. 同轴度

(11) 平键连接中采用的基准制为 _____ 。

A. 基孔制　　　　　　　　　　　B. 基轴制

C. 基孔制和基轴制均可　　　　　D. 非基准制

(12) 平键连接中键宽与轴（轮毂）槽宽的配合是 _____ 。

A. 过渡配合　　　　　　　　　　B. 间隙配合

C. 过盈配合　　　　　　　　　　D. 间隙配合和过渡配合都有

11. 某矩形花键连接的标记代号为：$6 \times 26\dfrac{H7}{g6} \times 30\dfrac{H10}{a11} \times 6\dfrac{H11}{f9}$，试确定内、外花键主要尺寸的极限偏差及极限尺寸。

第7章 圆柱齿轮的公差与配合应用

7.1 齿轮传动的使用要求

齿轮传动机构是指组成这种运动装置的齿轮副、轴、轴承、箱体等零部件的总和。齿轮传动的质量不仅取决于运动装置的齿轮副、轴、轴承、箱体等零件的制造和安装精度，还与齿轮本身的制造精度及齿轮副的安装精度密切相关。

随着现代生产和科技的发展，要求机械产品在降低自身重量的前提下，所传递的功率越来越大，转速也越来越高。有些机械对工作精度的要求越来越高，从而对齿轮传动精度也提出了更高的要求。因此，研究齿轮误差对齿轮使用性能的影响、齿轮互换性原理、精度标准以及检测技术等，对提高齿轮加工质量有着十分重要的意义。

由于齿轮传动的类型很多，应用又极为广泛，对不同工况、不同用途的齿轮传动，其应用要求也是多方面的。归纳起来，应用要求可分为传动精度和齿侧间隙两个方面。而传动精度要求按齿轮传动的作用特点又可以分为传递运动的准确性、传递运动的平稳性和载荷分布的均匀性三个方面。因此，一般情况下，齿轮传动的应用要求可分为以下四个方面。

1. 传递运动的准确性

传递运动的准确性是指齿轮在一转范围内产生的最大转角误差要限制在一定的范围内，使齿轮副传动比变化小，以保证传递运动的准确性。

齿轮作为传动的主要元件，要求它能准确地传递运动，即保证主动轮转过一定转角时，从动轮按传动比转过一个相应的转角。从理论上讲，传动比应保持恒定不变，但齿轮加工误差和齿轮副的安装误差使从动轮的实际转角不同于理论转角，发生了转角误差 $\Delta\varphi$，导致两轮之间的传动比以一转为周期变化。可见，齿轮转过一转的范围内，从动轮产生的最大转角误差反映了齿轮副传动比变动量，即反映了齿轮传动的准确性。

2. 传动的平稳性

传动的平稳性是指齿轮在转过一个齿距角的范围内，其最大转角误差应限制在一定范围内，使齿轮副瞬时传动比变化小，以保证传递运动的平稳性。

齿轮在传递运动过程中，由于受齿廓误差、齿距误差等的影响，从一对轮齿过渡到另一对轮齿的齿距角的范围内，也存在着较小的转角误差，并且在齿轮一转中多次重复出现，导致一个齿距角内的瞬时传动比也在变化。如果一个齿距角内的瞬时传动比过大，将引起冲击、噪声和振动，严重时会损坏齿轮。可见，为保证齿轮传动的平稳性，应限制齿轮副瞬时传动比的变动量，也就是要限制齿轮转过一个齿距角内转角误差的最大值。

3. 载荷分布的均匀性

载荷分布的均匀性是指在轮齿啮合过程中，工作齿面沿全齿高和全齿长上保持均匀接触，并且接触面积尽可能地大。

齿轮在传递运动中，由于受各种误差的影响，齿轮的工作齿面不可能全部均匀接触。如载荷集中于局部齿面，将使齿面磨损加剧，甚至轮齿折断，严重影响齿轮的使用寿命。可见，为保证载荷分布的均匀性，齿轮工作面应有足够的精度，使啮合能沿全齿面（齿高、齿长）均匀接触。

4. 齿轮副侧隙的合理性

齿轮副侧隙的合理性是指一对齿轮啮合时，在非工作齿面间应留有合理的间隙，否则会出现卡死或烧伤现象。

齿轮副侧隙（见图 7.1）对储藏润滑油、补偿齿轮传动受力后的弹性变形和热变形以及补偿齿轮及其传动装置的加工误差和安装误差都是必要的。但对于需要反转的齿轮传动装置，侧隙又不能太大，否则回程误差及冲击都较大。为保证齿轮副侧隙的合理性，可在几何要素方面对齿厚和齿轮箱体孔中心距偏差加以控制。

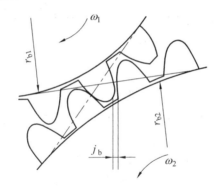

图 7.1　齿轮副侧隙

齿轮在不同的工作条件下，对上述四个方面的要求有所不同。例如，机床、减速器、汽车等一般动力齿轮，通常对传动的平稳性和载荷分布的均匀性有所要求；矿山机械、轧钢机上的动力齿轮，主要对载荷分布的均匀性和齿轮副侧隙有严格要求；汽轮机上的齿轮，由于转速高、易发热，为了减少噪声、振动、冲击和避免卡死，对传动的平稳性和齿轮副侧隙有严格要求；百分表、千分表以及分度头中的齿轮，由于精度高、转速低，要求传递运动准确，一般情况下要求齿轮副侧隙为零。

7.2　齿轮的加工误差

1. 齿轮加工误差的来源

齿轮的加工方法很多，按齿廓形成原理可分为仿形法和展成法。仿形法可用成形铣刀在铣床上铣齿；展成法可用滚刀或插齿刀在滚齿机、插齿机上与齿坯作啮合滚切运动，加工出渐开线齿轮。齿轮通常采用展成法加工。

在各种加工方法中，齿轮的加工误差都来源于组成工艺系统的机床、夹具、刀具、齿坯本身的误差及其安装、调整等误差。现以滚刀在滚齿机上加工齿轮为例(见图 7.2)，分析产生加工误差的主要原因。

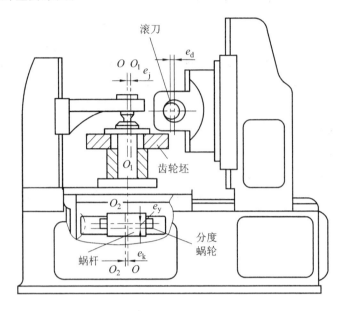

图 7.2　滚切齿轮

1) 几何偏心 e_j

加工时，齿坯基准孔轴线 O_1 与滚齿机工作台旋转轴线 O 不重合而发生偏心，其偏心量为 e_j。几何偏心的存在使得齿轮在加工工程中，齿坯相对于滚刀的距离发生变化，切出的齿一边肥而短、一边瘦而长。当以齿轮基准孔定位进行测量时，在齿轮一转内产生周期性的齿圈径向跳动误差，同时齿距和齿厚也产生周期性变化。

有几何偏心的齿轮装在传动机构中之后就会引起每转为周期的速比变化，产生时快时慢的现象。对于齿坯基准孔较大的齿轮，为了消除此偏心带来的加工误差，工艺上有时采用液性塑料可胀心轴安装齿坯。设计上，为了避免由于几何偏心带来的径向误差，齿轮基准孔和轴的配合一般采用过渡配合或过盈量不大的过盈配合。

2) 运动偏心 e_y

运动偏心是由于滚齿机分度蜗轮加工误差和分度蜗轮轴线 O_2 与工作台旋转轴线 O 有安装偏心 e_k 引起的。运动偏心的存在使齿坯相对于滚刀的转速不均匀，忽快忽慢，破坏了齿坯与刀具之间的正常滚切运动，而使被加工齿轮的齿廓在切线方向上产生了位置误差。这时齿廓在径向位置上没有变化，这种偏心一般称为运动偏心，又称为切向偏心。

3) 机床传动链的高频误差

加工直齿轮时，受分度传动链的传动误差(主要是分度蜗杆的径向跳动和轴向窜动)的影响，使蜗轮(齿坯)在一周范围内转速发生多次变化，加工出的齿轮将产生齿距偏差和齿形误差。加工斜齿轮时，除了分度传动链误差外，还受差动传动链的传动误差的影响。

4) 滚刀的安装误差和加工误差

滚刀的安装偏心 e_d 使被加工齿轮产生径向误差。滚刀刀架导轨或齿坯轴线相对于工作台旋转轴线的倾斜及轴向窜动，使滚刀的进刀方向与轮齿的理论方向不一致，直接造成齿面沿轴向方向歪斜，产生齿向误差。

滚刀的加工误差主要指滚刀的径向跳动、轴向窜动和齿型角误差等，它们将使加工出来的齿轮产生基节偏差和齿形误差。

2. 齿轮加工误差的分类

1）按其表现特征分类

（1）齿廓误差：加工出来的齿廓不是理论的渐开线。其原因主要有刀具本身的切削刃轮廓误差及齿形角偏差、滚刀的轴向窜动和径向跳动、齿坯的径向跳动以及每转一齿距角内转速不均等。

（2）齿距误差：加工出来的齿廓相对于工件的旋转中心分布不均匀。其原因主要有齿坯安装偏心、机床分度蜗轮齿廓本身分布不均匀以及安装偏心等。

（3）齿向误差：加工后的齿面沿齿轮轴线方向的形状和位置误差。其原因是多方面的，其中既有机床工作精度的影响，又有刀具和工件安装误差，以及切削过程中弹性变形造成的影响。

（4）齿厚误差：加工出来的轮齿厚度相对于理论值在整个齿圈上不一致。其原因主要有刀具的铲形面相对于被加工齿轮中心有位置误差、刀具齿廓的分布不均匀等。

2）按其方向特征分类

（1）径向误差：沿被加工齿轮直径方向（齿高方向）的误差。该误差由切齿刀具与被加工齿轮之间径向距离的变化引起。

（2）切向误差：沿被加工齿轮圆周方向（齿厚方向）的误差。该误差由切齿刀具与被加工齿轮之间分齿滚切运动误差引起。

（3）轴向误差：沿被加工齿轮轴线方向（齿向方向）的误差。该误差由切齿刀具沿被加工齿轮轴线移动的误差引起。

3）按其周期或频率特征分类

（1）长周期误差：在被加工齿轮转过一周的范围内，误差出现一次最大值和最小值的误差，如由偏心引起的误差。长周期误差也称低频误差。

（2）短周期误差：在被加工齿轮转过一周的范围内，误差曲线上的峰、谷多次出现的误差，如由滚刀的径向跳动引起的误差。短周期误差也称高频误差。

当齿轮只有长周期误差时，其误差曲线如图 7.3（a）所示，将产生运动不均匀，是影响齿轮运动准确性的主要误差，但在低速情况下，其传动还是比较平稳的；当齿轮只有短周期误差时，其误差曲线如图 7.3（b）所示，这种在齿轮一转中多次重复出现的高频误差将引

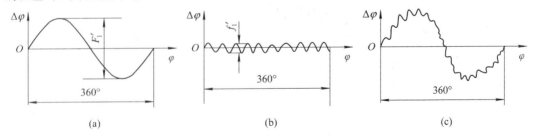

$$\qquad\text{(a)}\qquad\qquad\qquad\qquad\text{(b)}\qquad\qquad\qquad\qquad\text{(c)}$$

图 7.3　齿轮的周期性误差

起齿轮瞬时传动比的变化，使齿轮传动不平稳，在高速运转中，将产生冲击、振动和噪声。因此，对这类误差必须加以控制。实际上，齿轮运动误差是一条复杂的周期函数曲线，如图 7.3(c)所示，它既包含短周期误差，也包含长周期误差。

　　齿轮误差的存在会使齿轮的各设计参数发生变化，影响传动质量。为此，国家出台和实施了新标准 GB/T 10095.1—2001《渐开线圆柱齿轮　精度　第 1 部分：轮齿同侧齿面偏差的定义和允许值》和 GB/T 10095.2—2001《渐开线圆柱齿轮　精度　第 2 部分：径向综合偏差与径向跳动的定义和允许值》，并把有关齿轮检验方法的说明和建议以指导性技术文件的形式，与 GB/T 10095 的第 1 部分和第 2 部分一起，组成了一个标准和指导性技术文件的体系。

7.3　圆柱齿轮传动精度的评定指标

7.3.1　传递运动准确性的评定指标

　　对于单个齿轮来说，传递运动不准确的原因是受到一转范围内转角误差总幅度值的影响，该误差来源于齿轮加工时的几何偏心和运动偏心。几何偏心使齿面位置相对于齿轮基准中心在径向上发生了变化，故称为径向误差。当仅有运动偏心时，滚刀与齿坯的径向位置并未改变，当用球形或锥形测头在齿槽内测量齿圈径向跳动时，测头径向位置并不改变。因而运动偏心并不产生径向误差，而是使齿轮产生切向误差。

　　实际上，以上两种偏心常常同时存在，且二者造成的转角误差都以齿轮一转为周期，可能抵消，也可能叠加，其综合结果影响齿轮传递运动的准确性。为了发现这两种偏心，可以采用下列指标评定齿轮。

　　1. 切向综合总偏差 F_i'

　　切向综合总偏差（tangential composite deviation）是指被测齿轮与测量齿轮单面啮合时，被测齿轮一转内齿轮分度圆上实际圆周位移与理论圆周位移的最大差值，如图 7.4 所示。

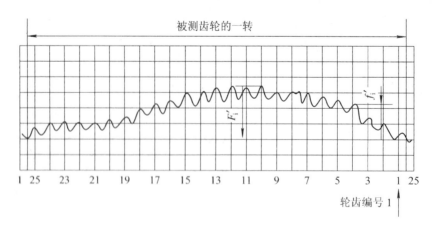

图 7.4　切向综合总偏差

切向综合总偏差反映齿轮一转中的转角误差,说明齿轮运动的不均匀性。在一转过程中,其转速忽快忽慢,做周期性变化。

切向综合总偏差既反映切向误差,又反映径向误差,是评定齿轮运动准确性较为完善的综合性指标。当切向综合总偏差小于或等于所规定的允许值时,表示齿轮可以满足传递运动准确性的使用要求。

测量切向综合总偏差可在单啮仪上进行。被测齿轮在适当的中心距(有一定的侧隙)下与测量齿轮单面啮合,同时要加上一轻微而足够的载荷。根据比较装置的不同,单啮仪可分为机械式、光栅式、磁分度式和地震仪式等。图 7.5 为光栅式单啮仪的工作原理图,它是由两光栅盘建立的标准传动,被测齿轮与标准蜗杆单面啮合组成实际传动。仪器的传动链是:电动机通过传动系统带动标准蜗杆和圆光栅盘Ⅰ转动,标准蜗杆带动被测齿轮及其同轴上的圆光栅盘Ⅱ转动。

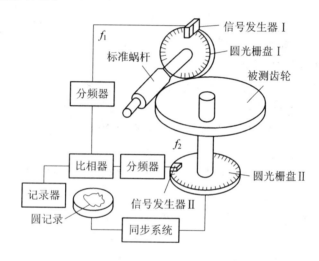

图 7.5　光栅式单啮仪的工作原理

圆光栅盘Ⅰ和圆光栅盘Ⅱ分别通过信号发生器Ⅰ和Ⅱ将标准蜗杆和被测齿轮的角位移转变成电信号,并根据标准蜗杆的头数 K 及被测齿轮的齿数 Z,通过分频器将高频电信号 f_1 作 Z 分频,将低频电信号 f_2 作 K 分频,于是将圆光栅盘Ⅰ和圆光栅盘Ⅱ发出的脉冲信号变为同频信号。

当被测齿轮有误差时将引起被测齿轮的回转角误差,此回转角的微小角位移误差变为两电信号的相位差,两电信号输入比相器进行比相后输出,再输入电子记录器记录,便可得出被测齿轮的误差曲线,最后根据定标值读出误差值。

2. 齿距累积总偏差 F_p

齿距累积偏差 F_{pk} 是指在端平面上,在接近齿高中部的与齿轮轴线同心的圆上,任意 k 个齿距的实际弧长与理论弧长的代数差,如图 7.6 所示。理论上,它等于这 k 个齿距的各单个齿距偏差的代数和。除另有规定外,齿距累积偏差 F_{pk} 值被限定在不大于 1/8 的圆周上评定。因此,F_{pk} 的允许值适用于齿距数 k 为 2 到 $Z/8$ 的弧段内。通常,F_{pk} 取 $k = Z/8$ 就足够了,如果对于特殊的应用(如高速齿轮)还需检验较小弧段,并规定相应的 k 值。

齿距累积总偏差（total accumulative pitch deliation）F_p 是指齿轮同侧齿面任意弧段（$k=1\sim Z$）内的最大齿距累积偏差，它表现为齿距累积偏差曲线的总幅值，如图 7.7 所示。

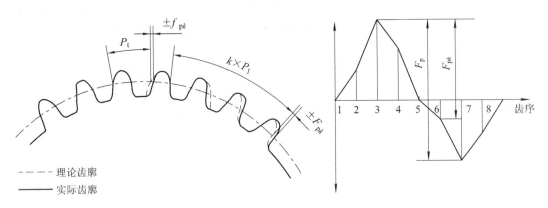

图 7.6　齿距偏差与齿距累积偏差　　　　　图 7.7　齿距累积总偏差

　　齿距累积总偏差能反映齿轮一转中偏心误差引起的转角误差，故齿距累积总偏差可代替切向综合总偏差 F_i' 作为评定齿轮传递运动准确性的指标。但齿距累积总偏差只是有限点的误差，而切向综合总偏差可反映齿轮每瞬间传动比的变化。显然，齿距累积总偏差在反映齿轮传递运动准确性时不及切向综合总偏差那样全面。因此，齿距累积总偏差仅作为切向综合总偏差的代用指标。

　　齿距累积总偏差和齿距累积偏差的测量可分为绝对测量和相对测量两种。其中，以相对测量应用最广，中等模数的齿轮多采用这种方法。测量仪器有点距仪（可测 7 级精度以下的齿轮，如图 7.8 所示）和万能测齿仪（可测 4 到 6 级精度的齿轮，如图 7.9 所示）。这种相对测量以齿轮上任意一齿距为基准，把仪器指示表调整为零，然后依次测出其余各齿距相对于基准齿距之差（称为相对齿距偏差）。然后将相对齿距偏差逐个累加，计算出最终累加值的平均值，并将平均值的相反数与各相对齿距偏差相加，获得绝对齿距偏差（实际齿距

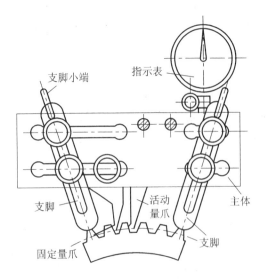

图 7.8　用点距仪测量齿距

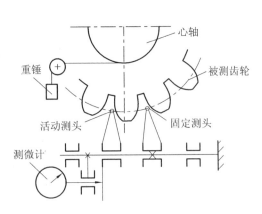

图 7.9　用万能测齿仪测量齿距

相对于理论齿距之差）。最后将绝对齿距偏差累加，累加值中的最大值与最小值之差即为被测齿轮的齿距累积总偏差。k 个绝对齿距偏差的代数和则是 k 个齿距的齿距累积总偏差。

相对测量按其定位基准不同，可分为以齿顶圆、齿根圆和孔为定位基准三种，如图 7.10 所示。采用齿顶圆定位时，由于齿顶圆相对于齿圈中心可能有偏心，因此将引起测量误差，如图 7.10(a)所示。用齿根圆定位时，由于齿根圆与齿圈同时切出，因此不会因偏心而引起测量误差，如图 7.10(b)所示。在万能测齿仪上进行测量，可用齿轮的装配基准孔作为测量基准，这样可免除定位误差，如图 7.10(c)所示。

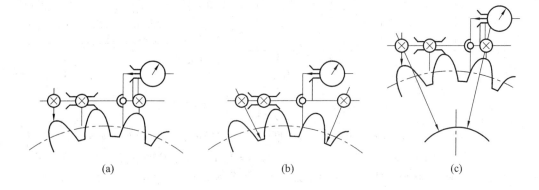

(a)　　　　　　　　　(b)　　　　　　　　　(c)

图 7.10　测量齿距

3. 径向跳动 F_r

径向跳动(teeth radial run-out)是指测头（球形、圆柱形、锥形）相继置于被测齿轮的每个齿槽内时，从它到齿轮轴线的最大径向距离和最小径向距离之差。

径向跳动可用齿圈径向跳动测量仪测量，测头做成球形或圆锥形插入齿槽中，也可做成 V 形卡在轮齿上(见图 7.11)，与齿高中部双面接触。被测齿轮一转所测得的相对于轴线径向距离的总变动幅度值即是齿轮的径向跳动，如图 7.12 所示。图 7.12 中，偏心量是径向跳动的一部分。

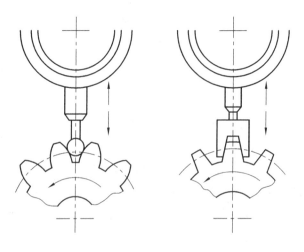

图 7.11　用齿圈径向跳动测量仪测量

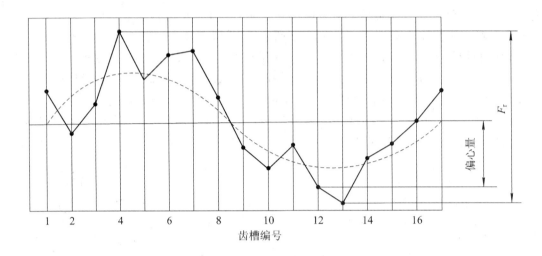

图 7.12　一个齿轮的径向跳动

　　径向跳动测量中，以齿轮孔的轴线为基准，只反映径向误差，齿轮一转中最大误差只出现一次，是长周期误差，它仅作为影响传递运动准确性中属于径向性质的单项性指标。因此，采用这一指标时必须与能揭示切向误差的单项性指标组合，才能评定传递运动的准确性。

4. 径向综合总偏差 F_i''

　　径向综合总偏差（radial composite deviation）是指在进行径向（双面）综合检验时，被测齿轮的左右齿面同时与测量齿轮接触，并转过一整圈后出现的中心距最大值和最小值之差，如图 7.13 所示。

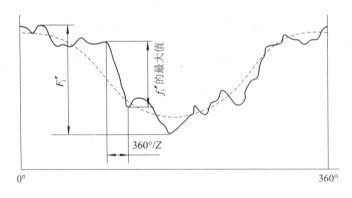

图 7.13　径向综合总偏差

　　径向综合总偏差是在齿轮双面啮合综合检查仪上进行测量的，该仪器如图 7.14 所示。将被测齿轮与基准齿轮分别安装在双面啮合综合检查仪的两平行心轴上，在弹簧的作用下，两齿轮作紧密无侧隙的双面啮合，使被测齿轮回转一周，被测齿轮一转中指示表的最大读数差值（即双啮中心距的总变动量）即为被测齿轮的径向综合总偏差 F_i''。由于其中心距变动主要反映径向误差，也就是说径向综合总偏差 F_i'' 主要反映径向误差，它可代替径向跳动 F_r，并且可综合反映齿形、齿厚均匀性等误差在径向上的影响，因此，径向综合总偏差 F_i'' 为影响传递运动准确性的指标中属于径向性质的单项性指标。

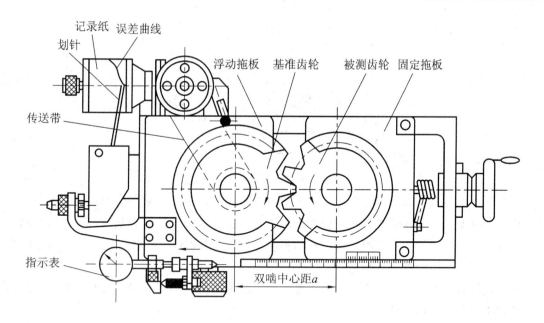

图 7.14　齿轮双面啮合综合检查仪

　　用齿轮双面啮合综合检查仪测量径向综合总偏差，当测量状态与齿轮的工作状态不一致时，测量结果同时受左、右两侧齿面和测量齿轮的精度以及总重合度的影响，不能全面地反映齿轮运动准确性的要求。由于仪器测量时的啮合状态与切齿时的状态相似，能够反映齿轮坯和刀具的安装误差，且仪器结构简单，环境适应性好，操作方便，测量效率高，因此在大批量生产中常用此项指标。

5. 公法线长度变动 ΔF_w

　　公法线即基圆的切线。渐开线圆柱齿轮的公法线长度 W 是指跨越 k 个齿的两异侧齿廓的平行切线间的距离，理想状态下公法线应与基圆相切。公法线长度变动（base tangent length variation）是指在齿轮一周范围内，实际公法线长度最大值与最小值之差，如图 7.15 所示。GB/T 10095.1 和 GB/T 10095.2 均无此定义，考虑到该评定指标的实用性和科研工作的需要，下面对其评定理论和测量方法加以介绍。

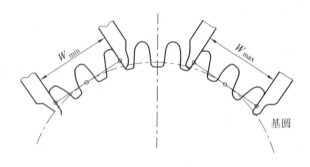

图 7.15　公法线长度变动

　　公法线长度变动 ΔF_w 一般可用公法线千分尺或万能测齿仪进行测量。公法线千分尺用相互平行的圆盘测头插入齿槽中进行公法线长度变动的测量，如图 7.16 所示。

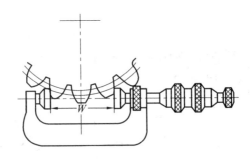

图 7.16　公法线长度变动的测量

在图 7.15 中，$W_{max} - W_{min} = \Delta F_w$。若被测齿轮的轮齿分布疏密不均匀，则实际公法线的长度会有变动。但公法线长度变动的测量不是以齿轮基准孔轴线为基准的，它反映的是齿轮加工时的切向误差，不能反映齿轮的径向误差，但是可作为影响传递运动准确性的指标中属于切向性质的单项性指标。

必须注意，测量时应使量具的量爪测量面与轮齿的齿高中部接触。为此，测量所跨的齿数 k 应按式(7 - 1)计算：

$$k = \frac{z}{9} + 0.5 \qquad\qquad (7 - 1)$$

综上所述，影响传递运动准确性的误差为齿轮一转中出现一次的长周期误差，主要包括径向误差和切向误差。评定传递运动准确性的指标中，能同时反映径向误差和切向误差的综合性指标有切向综合总偏差 F_i'、齿距累积总偏差 F_p（齿距累积偏差 F_{pk}）；只反映径向误差或切向误差两者之一的单项指标有径向跳动 F_r、径向综合总偏差 F_i'' 和公法线长度变动 ΔF_w。使用时，可选用一个综合性指标或两个单项性指标的组合（径向指标与切向指标各选一个）来评定，这样才能全面反映对传递运动准确性的影响。

7.3.2　传动平稳性的评定指标

1. 一齿切向综合偏差 f_i'

一齿切向综合偏差（tangential tooth-to-tooth composite deviation）是指齿轮在一个齿距角内的切向综合总偏差，即在切向综合总偏差记录曲线上小波纹的最大幅度值（见图 7.4）。一齿切向综合偏差是 GB/T 10095.1 规定的检验项目，但不是必检项目。

齿轮每转过一个齿距角，都会引起转角误差，即出现许多小的峰谷。在这些短周期误差中，峰谷的最大幅度值即为一齿切向综合偏差 f_i'。f_i' 既反映了短周期的切向误差，又反映了短周期的径向误差，是评定齿轮传动平稳性较全面的指标。

一齿切向综合偏差 f_i' 是在单面啮合综合检查仪上测量切向综合总偏差的同时测出的。

2. 一齿径向综合偏差 f_i''

一齿径向综合偏差（radial tooth-to-tooth composite error）是指当被测齿轮与测量齿轮啮合一整圈时，对应一个齿距（$360°/z$）的径向综合偏差值，即在径向综合总偏差记录曲线上小波纹的最大幅度值（见图 7.13），其波长常常为齿距角。一齿径向综合偏差是 GB/T 10095.2 规定的检验项目。

　　一齿径向综合偏差 f_i'' 也可反映齿轮的短周期误差，但与一齿切向综合偏差 f_i' 是有差别的。f_i'' 只反映刀具制造和安装误差引起的径向误差，而不能反映机床传动链短周期误差引起的周期切向误差。因此，用一齿径向综合偏差评定齿轮传动的平稳性不如用一齿切向综合偏差评定完善。但由于双啮仪结构简单、操作方便，因此在成批生产中仍被广泛采用，一般用一齿径向综合偏差作为评定齿轮传动平稳性的代用综合指标。

　　一齿径向综合偏差 f_i'' 是用双面啮合综合检查仪测量径向综合总偏差时得到的。

3. 齿廓偏差

　　齿廓偏差（tooth profile deviation）是指实际齿廓对设计齿廓的偏离量，它在端平面内且垂直于渐开线齿廓的方向计值。

　　（1）齿廓总偏差 F_α（tooth profile total deviation）。齿廓总偏差是指在计值范围内，包容实际齿廓的两条设计齿廓迹线间的距离，如图 7.17(a)所示。

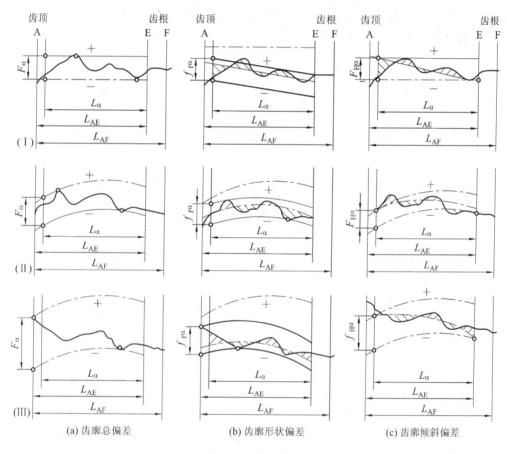

(a) 齿廓总偏差　　　　　(b) 齿廓形状偏差　　　　　(c) 齿廓倾斜偏差

图 7.17　齿廓偏差

　　图 7.17 中，（Ⅰ）为未修形的渐开线，（Ⅱ）为修形的渐开线一，（Ⅲ）为修形的渐开线二。

　　（2）齿廓形状偏差 $f_{f\alpha}$（form deviation of tooth profile）。齿廓形状偏差是指在计值范围内，包容实际齿廓迹线的两条与平均齿廓迹线完全相同的曲线间的距离，且两条曲线与平均齿廓迹线的距离为常数，如图 7.17(b)所示。

（3）齿廓倾斜偏差 $f_{H\alpha}$（angle deviation of tooth profile）。齿廓倾斜偏差是指在计值范围内，两端与平均齿廓迹线相交的两条设计齿廓迹线间的距离，如图 7.17(c)所示。

齿廓偏差的存在使两齿面啮合时产生传动比的瞬时变动。如图 7.18 所示，两理想齿廓应在啮合线上的 a 点接触，由于齿廓偏差，使接触点由 a 变到 a'，引起瞬时传动比的变化，这种接触点偏离啮合线的现象在一对轮齿啮合转齿过程中要多次发生，其结果使齿轮一转内的传动比发生了高频率、小幅度的周期性变化，产生了振动和噪声，从而影响齿轮运动的平稳性。因此，齿廓偏差是影响齿轮传动平稳性中属于转齿性质的单项性指标，它必须与揭示换齿性质的单项性指标组合才能评定齿轮传动的平稳性。

渐开线齿轮的齿廓总误差可在专用的单圆盘渐开线检查仪上进行测量。其工作原理如图 7.19 所示。被测齿轮与一直径等于该齿轮基圆直径的基圆盘同轴安装，当用手轮移动纵拖板时，直尺与由弹簧力紧压其上的基圆盘互作纯滚动，位于直尺边缘上的量头与被测齿廓接触点相对于基圆盘的运动轨迹是理想渐开线。若被测齿廓不是理想渐开线，则测量头摆动经杠杆在指示表上读出其齿廓总偏差。

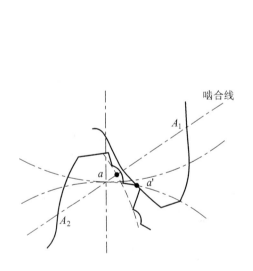

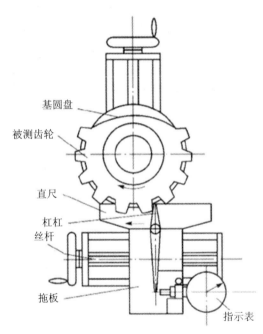

图 7.18　齿廓偏差对传动的影响　　　图 7.19　单圆盘渐开线检查仪的工作原理

单圆盘渐开线检查仪结构简单，传动链短，若装调适当则可获得较高的测量精度。但测量不同基圆直径的齿轮时，必须配换与其直径相等的基圆盘。所以，这种单圆盘渐开线检查仪适用于产品比较固定的场合。对于批量生产的不同基圆半径的齿轮，可在通用基圆盘式渐开线检查仪上测量，而不需要更换基圆盘。

4. 基圆齿距偏差 f_{pb}

基圆齿距偏差（base circular pitch deviation）是指实际基节与公称基节的代数差，如图 7.20 所示。

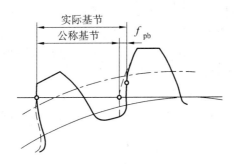

图 7.20　基圆齿距偏差

GB/T 10095.1 中没有定义评定参数基圆齿距偏差，而在 GB/Z 18620.1 中给出了这个检验参数。齿轮副正确啮合的基本条件之一是两齿轮的基圆齿距必须相等，而基圆齿距偏差的存在会引起传动比的瞬时变化，即从上一对轮齿换到下一对轮齿啮合的瞬间发生碰撞、冲击，影响传动的平稳性，如图 7.21 所示。

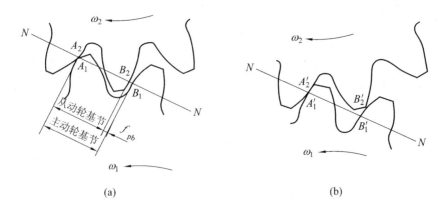

图 7.21　基圆齿距偏差对传动平稳性的影响

当主动轮基圆齿距大于从动轮基圆齿距时，如图 7.21(a) 所示，第一对齿 A_1、A_2 啮合终止，第二对齿 B_1、B_2 尚未进入啮合。此时，A_1 的齿顶将沿着 A_2 的齿根"刮行"（称顶刃啮合），发生啮合线外的啮合，使从动轮突然降速，直到 B_1 和 B_2 齿进入啮合，使从动轮又突然加速。因此，从一对齿啮合过渡到下一对齿啮合的过程中，瞬间传动比产生变化，引起冲击，产生振动和噪声。

当主动轮基圆齿距小于从动轮基圆齿距时，如图 7.21(b) 所示，第一对齿 A_1'、A_2' 的啮合尚未结束，第二对齿 B_1'、B_2' 就已开始进入啮合。此时，B_2' 的齿顶反向撞向 B_1' 的齿腹，使从动轮突然加速，强迫 A_1' 和 A_2' 脱离啮合。B_2' 的齿顶在 B_1' 的齿腹上"刮行"，同样产生顶刃啮合，直到 B_1' 和 B_2' 进入正常啮合，恢复正常转速时为止。这种情况比前一种更坏，因为冲击力与运动方向相反，故会引起更大的振动和噪声。

上述两种情况都在轮齿替换啮合时发生，在齿轮一转中多次重复出现，影响传动的平稳性。因此，基圆齿距偏差可作为评定齿轮传动平稳性中属于换齿性质的单项性指标。它必须与反映转齿性质的单项性指标组合，才能评定齿轮传动的平稳性。

基圆齿距偏差通常采用基节检查仪进行测量，可测量模数为 2～16 mm 的齿轮，如

7.22(a)所示。活动量爪的另一端经杠杆系统与指示表相连,旋转微动螺杆可调节固定量爪的位置。利用仪器附件(如组合量块),按被测齿轮基节的公称值 P_b 调节活动量爪与固定量爪之间的距离,并使指示表对零。测量时,将固定量爪和辅助支脚插入相邻齿槽(见图7.22(b)),利用螺杆调节支脚的位置,使它们与齿廓接触,借以保持测量时量爪的位置稳定。摆动检查仪,两相邻同侧齿廓间的最短距离即为实际基节(指示表指示出实际基节对公称基节之差)。在相隔120°处对左右齿廓进行测量,取所有读数中绝对值最大的数作为被测齿轮的基圆齿距偏差 f_{pb}。

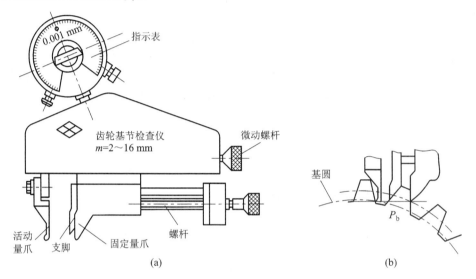

图 7.22　齿轮基节检查仪

5. 单个齿距偏差 f_{pt}

单个齿距偏差(individual circular pitch deviation)是指在端平面上,在接近齿高中部的一个与齿轮轴线同心的圆上,实际齿距与理论齿距的代数差,如图7.23所示。它是GB/T 10095.1—2001规定的评定齿轮几何精度的基本参数。

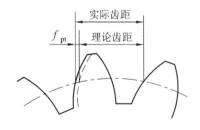

图 7.23　单个齿距偏差

单个齿距偏差在某种程度上反映基圆齿距偏差 f_{pb} 或齿廓形状偏差 $f_{fα}$ 对齿轮传动平稳性的影响,故单个齿距偏差 f_{pt} 可作为齿轮传动平稳性中单项性的指标。

单个齿距偏差也可用齿距检查仪测量,在测量齿距累积总偏差的同时,可得到单个齿距偏差值。用相对法测量时,理论齿距是指在某一测量圆周上对各齿测量得到的所有实际齿距的平均值。在测得的各个齿距偏差中,可能出现正值或负值,以其最大数字的正值或负值作为该齿轮的单个齿距偏差值。

综上所述，影响齿轮传动平稳性的误差为齿轮一转中多次重复出现的短周期误差，主要包括转齿误差和换齿误差。评定传递运动平稳性的指标中，能同时反映转齿误差和换齿误差的综合性指标有一齿切向综合偏差 f_i' 和一齿径向综合偏差 f_i''；只反映转齿误差或换齿误差两者之一的单项指标有齿廓偏差、基圆齿距偏差 f_{pb} 和单个齿距偏差 f_{pt}。使用时，可选用一个综合性指标或两个单项性指标的组合（转齿指标与换齿指标各选一个）来评定，才能全面反映对传递运动平稳性的影响。

7.3.3　载荷分布均匀性的检测项目

螺旋线偏差（spiral deviation）是指在端面基圆切线方向上测得的实际螺旋线偏离设计螺旋线的量。

（1）螺旋线总偏差 F_β（spiral total deviation）。螺旋线总偏差是指在计值范围内，包容实际螺旋线迹线的两条设计螺旋线迹线间的距离，如图 7.24(a) 所示。

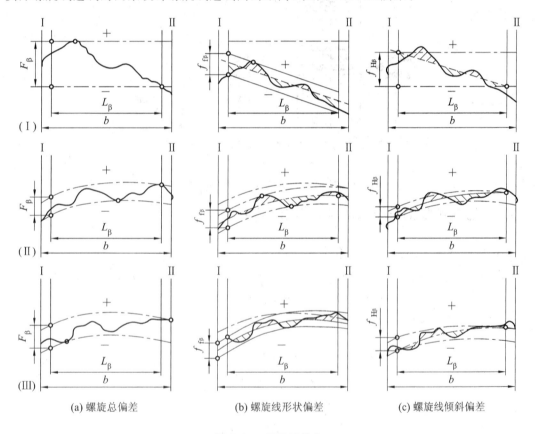

(a) 螺旋总偏差　　　　　　(b) 螺旋线形状偏差　　　　　　(c) 螺旋线倾斜偏差

图 7.24　螺旋线偏差

（2）螺旋线形状偏差 $f_{f\beta}$（form deviation of spiral）。螺旋线形状偏差是指在计值范围内，包容实际螺旋线迹线的两条与平均螺旋线迹线完全相同的曲线间的距离，两条曲线与平均螺旋线迹线的距离为常数，如图 7.24(b) 所示。

（3）螺旋线倾斜偏差 $f_{H\beta}$（angle deviation of spiral）。螺旋线倾斜偏差是指在计值范围的两端与平均螺旋线迹线相交的设计螺旋线迹线间的距离，如图 7.24(c) 所示。

由于实际齿线存在形状误差和位置误差，使两齿轮啮合时的接触线只占理论长度的一部分,从而导致载荷分布不均匀。螺旋线总偏差是齿轮的轴向误差,是评定载荷分布均匀性的单项性指标。

螺旋线总偏差的测量方法有展成法和坐标法。展成法的测量仪器有单盘式渐开线螺旋检查仪、分级圆盘式渐开线螺旋检查仪、杠杆圆盘式通用渐开线螺旋检查仪以及导程仪等。坐标法的测量仪器有螺旋线样板检查仪、齿轮测量中心以及三坐标测量机等。直齿圆柱齿轮的螺旋线总偏差的测量较为简单,图 7.25 即为用小圆柱测量螺旋线总偏差的原理图。被测齿轮装在心轴上,心轴装在两顶针座或等高的 V 形块上,在齿槽内放入小圆柱,以检验平板作基面,用指示表分别测小圆柱在水平方向和垂直方向两端的高度差。此高度差乘以 B/L(B 为齿宽,L 为圆柱长)即近似为齿轮的螺旋线总偏差。为避免安装误差的影响,应在相隔 $180°$ 的两齿槽中分别测量,取其平均值作为测量结果。

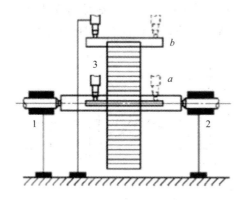

1、2—固定支架;
3—测量仪表;
a、b—测量位置

图 7.25　用小圆柱测量螺旋线总偏差

7.3.4　影响侧隙的单个齿轮因素及其检测

1. 齿厚偏差 f_{sn}

齿厚偏差(thickness deviation of teeth)是指在齿轮的分度圆柱面上,齿厚的实际值与公称值之差,如图 7.26 所示。对于斜齿轮,齿厚偏差指法向齿厚。该评定指标由 GB/Z 18620.2—2002 推荐。齿厚偏差是反映齿轮副侧隙要求的一项单项性指标。

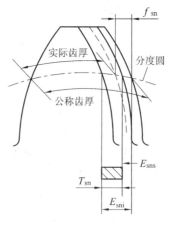

图 7.26　齿厚偏差

齿轮副的侧隙一般用减薄标准齿厚的方法来获得。为了获得适当的齿轮副侧隙，规定用齿厚的极限偏差来限制实际齿厚偏差，即 $E_{sni} < f_{sn} < E_{sns}$。一般情况下，$E_{sns}$ 和 E_{sni} 分别为齿厚的上、下偏差，且均为负值。

按照定义，齿厚是指分度圆弧齿厚，为了测量方便，常以分度圆弦齿厚计值。图 7.27 是用齿厚游标卡尺测量分度圆弦齿厚的情况。测量时，以齿顶圆作为测量基准，通过调整纵向游标卡尺来确定分度圆的高度 h，然后从横向游标尺上读出分度圆弦齿厚的实际值 S_a。

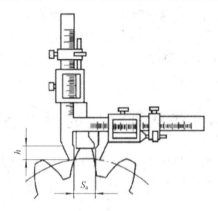

图 7.27　齿厚偏差的测量

对于标准圆柱齿轮，分度圆高度 h 及分度圆弦齿厚的公称值 S 的计算公式如下：

$$h = m \left[1 + \frac{z}{2} \left(1 - \cos \frac{90°}{z} \right) \right] \qquad (7-2)$$

$$S = mz \sin \frac{90°}{z} \qquad (7-3)$$

$$f_{sn} = S_a - S \qquad (7-4)$$

式中，m 为齿轮模数，z 为齿数。

用齿厚游标卡尺测量时，对测量技术要求高，测量精度受齿顶圆误差的影响，测量精度不高，故它仅用在公法线千分尺不能测量齿厚的场合，如大螺旋角斜齿轮、锥齿轮、大模数齿轮等。当测量精度要求高时，分度圆高度 h 应根据齿顶圆实际直径进行修正。

2. 法线长度偏差

公法线长度偏差（base tangent length deviation）是指在齿轮一周内，实际公法线长度 W_a 与公称公法线长度 W 之差，如图 7.28 所示。该评定指标由 GB/Z 18620.2—2002 推荐。

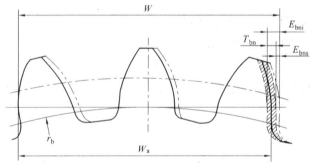

图 7.28　公法线长度偏差

公法线长度偏差是齿厚偏差的函数，能反映齿轮副侧隙的大小，可规定极限偏差（上偏差 E_{bns}，下偏差 E_{bni}）来控制公法线的长度偏差。

对外齿轮，有

$$W + E_{bni} \leqslant W_a \leqslant W + E_{bns} \tag{7-5}$$

对内齿轮，有

$$W - E_{bni} \leqslant W_a \leqslant W - E_{bns} \tag{7-6}$$

公法线长度偏差的测量方法与前面所介绍的公法线长度变动的测量相同，在此不再赘述。应该注意的是，测量公法线长度偏差时，需先计算被测齿轮公法线长度的公称值 W，然后按 W 值组合量块，用以调整两量爪之间的距离。沿齿圈进行测量，所测公法线长度与公称值之差即为公法线长度偏差。

7.4　齿轮副精度的评定指标

上面所讨论的都是单个齿轮的加工误差，除此之外，齿轮副的安装误差同样影响齿轮传动的使用性能，因此对这类误差也应加以控制。

1. 轴线的平行度误差

轴线的平行度误差（parallelism deviation of the axes）的影响与向量的方向有关，有轴线平面内的平行度误差和垂直平面上的平行度误差两种。这是由 GB/Z18620.3—2002 规定的，并推荐了误差的最大允许值。

（1）轴线平面内的平行度误差 $f_{\Sigma\delta}$。轴线平面内的平行度误差（parallelism deviation on the axial plane）是指一对齿轮的轴线在其基准平面上投影的平行度误差，如图 7.29 所示。

（2）垂直平面上的平行度误差 $f_{\Sigma\beta}$。垂直平面上的平行度误差（parallelism deviation on the vertical plane）是指一对齿轮的轴线在垂直于基准平面且平行于基准轴线的平面上投影的平行度误差，如图 7.29 所示。

基准平面是包含基准轴线并通过由另一轴线与齿宽中间平面相交的点所形成的平面，两条轴线中的任何一条轴线都可作为基准轴线。$f_{\Sigma\delta}$、$f_{\Sigma\beta}$ 均在等于全齿宽的长度上测量。

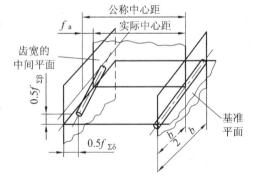

图 7.29　齿轮副的安装误差

由于齿轮轴要通过轴承安装在箱体或其他构件上，所以轴线的平行度误差与轴承的跨距 L 有关。一对齿轮副的轴线若产生平行度误差，必然会影响齿面的正常接触，使载荷分布不均匀，同时还会使侧隙在全齿宽上大小不等。为此，必须对齿轮副轴线的平行度误差进行控制。

2. 中心距偏差 f_a

中心距偏差（center distance deviation）是指在齿轮副的齿宽中间平面内实际中心距与公称中心距之差，如图 7.29 所示。该评定指标由 GB/Z 18620.3—2002 推荐。

中心距偏差会影响齿轮工作时的侧隙，当实际中心距小于公称（设计）中心距时，会使侧隙减小；反之，会使侧隙增大。为保证侧隙要求，要求用中心距允许偏差来控制中心距偏差。为了考核安装好的齿轮副的传动性能，对齿轮副的精度按下列四项指标进行评定。

1）齿轮副的切向综合总偏差 F'_{ic}

齿轮副的切向综合总偏差是指按设计中心距安装好的齿轮副，在啮合转动足够多的转数内，一个齿轮相对于另一个齿轮的实际转角与公称转角之差的总幅度值，以分度圆弧长计值。一对工作齿轮的切向综合总偏差等于两齿轮的切向综合总偏差 F'_i 之和，它是评定齿轮副的传递运动准确性的指标。对于分度传动链用的精密齿轮副，它是重要的评定指标。

2）齿轮副的一齿切向综合偏差 f'_{ic}

齿轮副的一齿切向综合偏差是指安装好的齿轮副在啮合转动足够多的转数内，一个齿轮相对于另一个齿轮在一个齿距角内的实际转角与公称转角之差的最大幅度值，以分度圆弧长计值，也就是齿轮副的切向综合总偏差记录曲线上的小波纹的最大幅度值。齿轮副的一齿切向综合偏差是评定齿轮副传递平稳性的直接指标。对于高速传动用齿轮副，它是重要的评定指标，对动载系数、噪声、振动有着重要影响。

齿轮副啮合转动足够多转数的目的在于使误差在齿轮相对位置变化全周期中充分显示出来。所谓"足够多的转数"，通常是以小齿轮为基准，按大齿轮的转数 n_2 计算，计算公式如下：

$$n_2 = \frac{z_1}{x} \tag{7-7}$$

式中，x 为大、小齿轮齿数 z_2 和 z_1 的最大公因数。

3）接触斑点

接触斑点是指装配好的齿轮副在轻微制动下运转后齿面上分布的接触擦亮痕迹，如图 7.30 所示。

接触痕迹的大小在齿面展开图上用百分数计算。沿齿长方向，接触痕迹的大小为接触痕迹的长度 b''（扣除超过模数值的断开部分 c）与工作长度 b' 之比的百分数，即

$$\frac{b''-c}{b'} \times 100\% \tag{7-8}$$

沿齿高方向，接触痕迹的大小为接触痕迹的平均高度 h'' 与工作高度 h' 之比的百分数，即

$$\frac{h''}{h'} \times 100\% \tag{7-9}$$

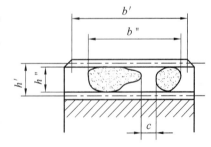

图 7.30　接触斑点

所谓"轻微制动"，是指不使轮齿脱离又不使轮齿和传动装置发生较大变形的制动力时的制动状态。

沿齿长方向的接触斑点主要影响齿轮副的承载能力，沿齿高方向的接触斑点主要影响工作的平稳性。齿轮副的接触斑点综合反映了齿轮副的加工误差和安装误差，是齿面接触精度的综合评定指标。对接触斑点的要求，应标注在齿轮传动装配图的技术要求中。

对较大的齿轮副，一般是在安装好的传动装置中检验；对成批生产的机床、汽车、拖

拉机等中小齿轮,允许在啮合机上与精确齿轮啮合检验。

目前,国内各生产单位普遍使用这一精度指标。若接触斑点检验合格,则此齿轮副中的单个齿轮的承载均匀性的评定指标可不予考核。

4)齿轮副的侧隙

齿轮副的侧隙可分为圆周侧隙 j_{wt} 和法向侧隙 j_{bn} 两种。圆周侧隙 j_{wt} 是指安装好的齿轮副,当其中一个齿轮固定时,另一齿轮圆周的晃动量以分度圆上的弧长计值,如图 7.31(a)所示。法向侧隙 j_{bn} 是指安装好的齿轮副,当工作齿面接触时非工作齿面之间的最小距离,如图 7.31(b)所示。

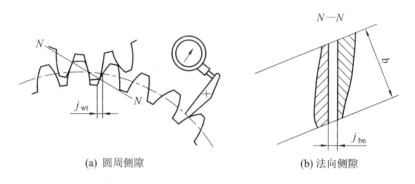

(a) 圆周侧隙   (b) 法向侧隙

图 7.31 齿轮副侧隙

圆周侧隙可用指示表测量,法向侧隙可用塞尺测量。在生产中,常检验法向侧隙,但由于圆周侧隙比法向侧隙更便于检验,因此法向侧隙除直接测量得到外,也可用圆周侧隙计算得到。法向侧隙与圆周侧隙之间的关系为

$$j_{bn} = j_{wt} \cos\beta_b \cos\alpha_n \qquad (7-10)$$

式中,β_b 为基圆螺旋角,α_n 为分度圆法面压力角。

上述齿轮副的四项指标均能满足要求即认为齿轮副合格。

7.5 图 样 标 注

国家标准规定:在技术文件需叙述齿轮精度要求时,应注明 GB/T 10095.1—2008 或 CB/T 10095.2—2008。

关于齿轮精度等级标注的建议如下:

(1)若齿轮的检验项目同为某一精度等级时,可标注精度等级和标准号。如齿轮检验项目同为 7 级,则标注为 7 GB/T 10095.1—2008 或 7 GB/T 10095.2—2008。

(2)若齿轮检验项目的精度等级不同时,如齿廓总偏差 F_a 为 6 级,而齿距累积总偏差 F_p 和螺旋线总偏差 F_β 均为 7 级时,则标注为 6(F_a)、7(F_p、F_β) GB/T 10095.1—2008。

7.6 圆柱齿轮传动精度的设计

我国圆柱齿轮传动公差现行国家标准为 GB/T 10095.1—2008《圆柱齿轮 精度制第 1 部分:轮齿同侧齿面偏差的定义和允许值》和 GB/T 10095.2—2008《圆柱齿轮 精度

制　第 2 部分：径向综合偏差与径向跳动的定义和允许值》，同时还有 GB/Z18620.1 ～ 4 四个指导性技术文件。

以上标准（文件）适用于单个渐开线圆柱齿轮，其法向模数 $m_n \geqslant 0.5 \sim 70$ mm，分度圆直径 $d \geqslant 5 \sim 10\ 000$ mm，齿宽 $b \geqslant 4 \sim 1000$ mm。对于 F_i'' 和 f_i''，其 $m_n \geqslant 0.2 \sim 10$ mm，$d \geqslant 5 \sim 1000$ mm。基本齿廓按 GB/T 1356—2001《通用机械和重型机械用圆柱齿轮　标准基本齿条齿廓》的规定，该标准可用于内、外啮合的直齿、斜齿和人字齿圆柱齿轮。

7.6.1　圆柱齿轮精度等级的确定

1. 精度等级

国家标准对单个齿轮规定了 13 个精度等级（对于 F_i'' 和 f_i''，规定了 4 ～ 12，共 9 个精度级），依次用阿拉伯数字 0、1、2、3、…、12 表示。其中 0 级精度最高，依次递减，12 级精度最低。0 ～ 2 级精度的齿轮对制造工艺与检测水平要求极高，目前加工工艺尚未达到，是为将来发展而规定的精度等级；一般将 3 ～ 5 级精度视为高精度等级；6 ～ 8 级精度视为中等精度等级，使用最多；9 ～ 12 级精度视为低精度等级。5 级精度是确定齿轮各项允许值的计算式的基础级。

2. 精度等级的选择

齿轮精度等级选择的主要依据是齿轮传动的用途、使用条件及对它的技术要求，既要考虑传递运动的精度、齿轮的圆周速度、传递的功率、工作持续时间、振动与噪声、润滑条件、使用寿命及生产成本等的要求，同时还要考虑工艺的可能性和经济性。

齿轮精度等级的选择方法主要有计算法和类比法两种，一般实际工作中多采用类比法。计算法是根据运动精度要求，按误差传递规律计算出齿轮一转中允许的最大转角误差，然后根据工作条件、圆周速度或噪声强度要求确定齿轮的精度等级。类比法是根据以往产品设计、性能试验和使用过程中所累积的成熟经验以及长期使用中已证实其可靠性的各种齿轮精度等级选择的技术资料，经过与所设计的齿轮在用途、工作条件及技术性能上作对比后，选定其精度等级。

部分机械的齿轮精度等级如表 7.1 所示，齿轮精度等级与速度的应用情况如表 7.2 所示，供选择齿轮精度等级时参考。

表 7.1　部分机械采用的齿轮精度等级

应用范围	精度等级	应用范围	精度等级
测量齿轮	2 ～ 5	拖拉机	6 ～ 9
汽轮机减速器	3 ～ 6	一般用途的减速器	6 ～ 9
精密切削机床	3 ～ 7	轧钢设备	6 ～ 10
一般金属切削机床	5 ～ 8	起重机械	7 ～ 10
航空发动机	4 ～ 8	矿用绞车	8 ～ 10
轻型汽车	5 ～ 8	农用机械	8 ～ 11
重型汽车	6 ～ 9		

表 7.2　齿轮精度等级与速度的应用

工作条件	圆周速度/(m/s)		应用情况	精度等级
	直齿	斜齿		
机床	>30	>50	高精度和精密的分度链端的齿轮	4
	>15～30	>30～50	一般精度分度链末端齿轮、高精度和精密的中间齿轮	5
	>10～15	>15～30	Ⅴ级机床主传动的齿轮，一般精度齿轮的中间齿轮，Ⅲ级和Ⅲ级以上精度机床的进给齿轮、油泵齿轮	6
	>6～10	>8～15	Ⅳ级和Ⅳ级以上精度机床的进给齿轮	7
	<6	<8	一般精度机床齿轮	8
			没有传动要求的手动齿轮	9
动力传动		>70	用于很高速度的透平传动齿轮	4
		>30	用于很高速度的透平传动齿轮，重型机械进给机构，高速重载齿轮	6
		<30	高速传动齿轮、有高可靠性要求的工业齿轮、重型机械的功率传动齿轮、作业率很高的起重运输机械齿轮	6
工业应用	<15	<25	高速和适度功率或大功率和适度速度条件下的齿轮，如冶金、矿山、林山、石油、轻工、工程机械和小型工业齿轮箱（通用减速器）有可靠性要求的齿轮	7
	<10	<15	中等速度且较平稳传动的齿轮，如冶金、矿山、林业、石油、轻工、工程机械和小型工业齿轮箱（通用减速器）的齿轮	8
	≤4	≤6	一般性工作和对噪声要求不高的齿轮、受载低于计算载荷的齿轮、速度大于 1 m/s 的开式齿轮传动和转盘的齿轮	9
航空船舶和车辆	>35	>70	需要很高平稳性、低噪声的航空和船用齿轮	4
	>20	>35	需要高平稳性、低噪声的航空和船用齿轮	5
	≤20	≤35	用于高速传动、有平稳性和低噪声要求的机车、航空、船舶和轿车的齿轮	6
	≤15	≤25	用于有平稳性和噪声要求的航空、船舶和轿车的齿轮	7
	≤10	≤15	用于中等速度、较平稳传动的载重汽车和拖拉机的齿轮	8
	≤4	≤6	用于较低速和噪声要求不高的载重汽车的第一挡与倒挡，拖拉机和联合收割机的齿轮	9

续表

工作条件	圆周速度/(m/s)		应 用 情 况	精度等级
	直齿	斜齿		
其他			检验 7 级精度齿轮的测量齿轮	4
			检验 8~9 级精度齿轮的测量齿轮、印刷机印刷辊子用的齿轮	5
			读数装置中特别精密传动的齿轮	6
			读数装置的传动及具有非直尺的速度传动齿轮、印刷机传动齿轮	7
			普通印刷机传动齿轮	8
单级传动效率			不低于 0.99(包括轴承不低于 0.985)	4~6
			不低于 0.98(包括轴承不低于 0.975)	7
			不低于 0.97(包括轴承不低于 0.965)	8
			不低于 0.96(包括轴承不低于 0.95)	9

3. 齿轮检验项目及其评定参数的确定

根据我国企业齿轮生产的技术和质量控制水平,建议供货方依据齿轮的使用要求和生产批量,在下述检验组中选取一个用于评定齿轮质量。经需方同意后,也可用于验收。

(1) f_{pt}、F_p、F_α、F_β、F_r。

(2) f_{pt}、F_{pk}、F_p、F_α、F_β、F_r。

(3) F_i''、f_i''。

(4) f_{pt}、F_r(10~12 级)。

(5) F_i'、f_i'(协议有要求时)。

在检验中,没有必要测量全部轮齿要素的偏差,因为有些要素对于特定齿轮的功能并没有明显的影响。另外,有些测量项目可以代替另一些项目,如切向综合总偏差检验能代替齿距累积总偏差检验,径向综合总偏差检验能代替径向跳动检验等。

各级精度齿轮及齿轮副所规定的各项公差或极限偏差可查阅标准手册,其表中的数值是用"齿轮精度的结构"中对 5 级精度规定的公式乘以级间公比计算出来的。两相邻精度等级的级间公比等于 2,本级数值除以或乘以 2 即可得到相邻较高或较低等级的数值。对于没有提供数值表的参数偏差允许值,可通过计算得到,计算公式如表 7.3 所示。

表 7.3　5 级精度的齿轮偏差允许值的计算公式、部分公差关系式

偏 差 项 目	计算公式/μm
单个齿距偏差±f_{pt}	$f_{pt} = 0.3(m + 0.4\sqrt{d}) + 4$
齿距累积偏差 F_{pk}	$F_{pk} = f_{pt} + 1.6\sqrt{(k-1)m}$
齿距累积总偏差 F_p	$F_p = 0.3m + 1.25\sqrt{d} + 7$
齿廓总偏差 F_α	$F_\alpha = 3.2\sqrt{m} + 0.22\sqrt{d} + 0.7$

偏 差 项 目	计算公式/μm
螺旋线总偏差 F_β	$F_\beta = 0.1\sqrt{d} + 0.63\sqrt{b} + 4.2$
径向综合总偏差 F_i''	$F_i'' = 3.2m_n + 1.01\sqrt{d} + 6.4$
一齿径向综合偏差 f_i''	$f_i'' = 2.96m_n + 1.01\sqrt{d} + 0.8$
切向综合总偏差 F_i'	$F_i' = F_p + f_i'$
一齿切向综合偏差 f_i'	$f_i' = K(9 + 0.3m + 3.2\sqrt{m} + 0.34\sqrt{d})$ 当总重合度 $\varepsilon_r < 4$ 时，$K = 0.2\left(\dfrac{\varepsilon_r + 4}{\varepsilon_r}\right)$；当 $\varepsilon_r \geqslant 4$ 时，$K = 0.4$
径向跳动公差 F_r	$F_r = 0.8F_p = 0.24m_n + 1.0\sqrt{d} + 5.6$

注：m_n 为法向模数(mm)，d 为分度圆直径(mm)，b 为齿宽(mm)。

m_n、d、b 均按参数范围和圆整规则中的规定取各分段界限值的几何平均值。各齿轮偏差允许值计算后需圆整，如果计算值大于 $10~\mu m$，则圆整到最接近的整数；如果小于 $10~\mu m$，则圆整到最接近的尾数为 $0.5~\mu m$ 的小数或整数；如果小于 $5\mu m$，则圆整到最接近 $0.1~\mu m$ 的小数或整数。

7.6.2 齿轮误差检验组的选择

在生产中，将同一个公差组中的各项项目分为若干个检验组，根据齿轮副的功能要求和生产规模，在各公差组中选定检验组来检查齿轮的精度，如表 7.4 所示。

表 7.4 检验组及测量条件

检验组	公差组			适用等级	测量条件
	Ⅰ	Ⅱ	Ⅲ		
1	F_i'	F_i'	F_β	3~6	万能齿轮测量机、齿向仪
2	F_i'	f_i'	F_β	5~8	整体误差测量仪(便于工艺分析)
3	F_i'	f_i'	F_β	5~8	单啮仪、齿向仪(适于大批量生产)
4	F_p	f_{pt}、f_f、$f_{f\beta}$	F_b、F_{px}	3~6	齿距仪、齿形仪、波度仪、轴向齿距仪
5	F_i''、F_w	F_i''	F_β	6~9	双啮仪、齿向仪、公法线千分尺
6	F_p	f_f、f_{pt}	F_β	3~7	齿距仪、齿向仪、齿齿仪
7	F_p	f_f、f_{pb}	F_β	3~7	
8	F_p	f_{pt}、f_{pb}	F_β	7~9	齿距仪、齿向仪、基节仪
9	F_w、F_t	f_f、f_{pb}	F_β	5~7	跳动仪、齿形仪、公法线千分尺、基节仪、齿向仪
10	F_w、F_r	f_{pt}、f_{pb}	F_β	7~9	
11	F_r	f_{pt}	F_β	10~12	跳动仪、齿距仪、齿向仪

7.6.3 齿轮副精度的设计

如前所述，齿轮副侧隙分为圆周侧隙 j_{wt} 和法向侧隙 j_{bn}。圆周侧隙便于测量，但法向侧隙是基本的，它可与法向齿厚、公法线长度、油膜厚度等建立函数关系。齿轮副侧隙应按工作条件用最小法向侧隙来加以控制。

1. 最小法向极限侧隙 $j_{bn\ min}$ 的确定

最小法向极限侧隙的确定主要考虑齿轮副工作时的温度变化、润滑方式以及齿轮工作的圆周速度。

(1) 补偿温升引起的变形所需的最小法向侧隙 j_{bn1}：

$$j_{bn1} = a(\alpha_1 \Delta t_1 - \alpha_2 \Delta t_2)2 \sin\alpha_n \qquad (7-11)$$

式中，a 为中心距，α_1、α_2 为齿轮和箱体材料的线膨胀系数($1/℃$)，Δt_1、Δt_2 为齿轮和箱体在正常工作下对标准温度(20℃)的温差(℃)，α_n 为法向压力角(°)。

(2) 保证正常润滑所必需的最小法向侧隙 j_{bn2}。j_{bn2} 取决于润滑方式和齿轮工作的圆周速度，具体数值见表 7.5。

表 7.5　j_{bn2} 的推荐值

润滑方式	圆周速度 $v/(m/s)$			
	$v \leqslant 10$	$10 < v \leqslant 25$	$25 < v \leqslant 60$	$v > 60$
喷油润滑	$0.01m_n$	$0.02m_n$	$0.03m_n$	$(0.03 \sim 0.05)m_n$
油池润滑	$(0.005 \sim 0.01)m_n$			

注：m_n 为法向模数(mm)。

最小法向极限侧隙是补偿温升而引起的变形所需的最小法向侧隙 j_{bn1} 与保证正常润滑所必需的最小法向侧隙 j_{bn2} 之和，即

$$j_{bn\ min} = j_{bn1} + j_{bn2} \qquad (7-12)$$

2. 齿厚极限偏差的确定

1) 齿厚上偏差 E_{sns} 的确定

齿厚上偏差除保证齿轮副所需要的最小法向极限侧隙 $j_{bn\ min}$ 外，还应补偿由于齿轮副的加工误差和安装误差所引起的侧隙减小量 J_n。J_n 可按下式计算：

$$J_n = \sqrt{f_{pb1}^2 + f_{pb2}^2 + 2(F_\beta \cos\alpha_n)^2 + (f_{\Sigma\delta} \sin\alpha_n)^2 + (f_{\Sigma\beta} \cos\alpha_n)^2} \qquad (7-13)$$

即侧隙减小量 J_n 与基节极限偏差 f_{pb}、螺旋线总偏差、轴线平面内的平行度偏差 $f_{\Sigma\delta}$、垂直平面上的平行度偏差 $f_{\Sigma\beta}$ 等因素有关。当 $\alpha_n = 20°$ 时，由表 7.3 可知 $f_{\Sigma\delta} = f_{\Sigma\beta} = \frac{1}{2}$，化简后得

$$J_n = \sqrt{f_{pb1}^2 + f_{pb2}^2 + 2.104F_\beta^2} \qquad (7-14)$$

齿轮副的中心距偏差 f_a 也是影响齿轮副侧隙的一个因素。中心距偏差为负值时，将使侧隙减小，故最小法向极限侧隙 $j_{bn\ min}$ 与齿轮副中两齿轮的齿厚上偏差 E_{sns1} 和 E_{sns2}、中心距偏差 f_a、侧隙减小量 J_n 有如下关系：

$$j_{bn\ min} = |E_{sns1} + E_{sns2}| \cos\alpha_n - f_a \cdot 2 \sin\alpha_n - J_n \qquad (7-15)$$

为便于设计和计算，一般取 E_{sns1} 和 E_{sns2} 相等，即 $E_{sns1} = E_{sns2} = E_{sns}$，则齿轮的齿厚上偏差为

$$E_{sns} = f_a \tan\alpha_n - \frac{j_{bn\ min} + J_n}{2 \cos\alpha_n} \qquad (7-16)$$

2）齿厚下偏差 E_{sni} 的确定

齿厚下偏差 E_{sni} 由齿厚上偏差 E_{sns} 与齿厚公差 T_{sn} 确定，即

$$E_{sni} = E_{sns} - T_{sn} \qquad (7-17)$$

齿厚公差 T_{sn} 可由下式计算：

$$T_{sn} = \sqrt{F_r^2 + b_r^2} \times 2\tan\alpha_n \qquad (7-18)$$

可见，齿厚公差与反映一周中各齿厚度变动的齿圈径向跳动公差 F_r 和切齿加工时的切齿径向进刀公差 b_r 有关。b_r 的数值与齿轮的精度等级关系如表 7.6 所示。

表 7.6　切齿径向进刀公差值

切齿工艺	磨		滚 插		铣	
齿轮的精度等级	4	5	6	7	8	9
b_r 值	1.26IT7	IT8	1.26IT8	IT9	1.26IT9	IT10

7.6.4　齿坯精度和齿轮各表面粗糙度

由于齿坯的内孔、顶圆和端面通常作为齿轮的加工、测量和装配的基准，齿坯的加工精度对齿轮加工的精度、测量准确度和安装精度影响很大。在一定的条件下，用控制齿轮毛坯精度来保证和提高齿轮加工精度是一项积极措施，因此，标准对齿轮毛坯公差作了具体规定。

齿轮孔或轴颈的尺寸公差和形状公差以及齿顶圆柱面的尺寸公差如表 7.7 所示，基准面径向和端面跳动公差如表 7.8 所示，齿轮表面粗糙度要求如表 7.9 所示。

表 7.7　齿 坯 公 差

齿轮精度等级		1	2	3	4	5	6	7	8	9	10	11	12
孔	尺寸公差	IT4	IT4	IT4	IT4	IT5	IT6	IT7		IT8		IT8	
	形状公差	IT1	IT2	IT3									
轴	尺寸公差	IT4	IT4	IT4	IT4	IT5		IT6		IT7		IT8	
	形状公差	IT1	IT2	IT3									
顶圆直径公差		IT6			IT7			IT8		IT9		IT11	
基准面的径向跳动		见表 7.8											
基准面的端面跳动													

表 7.8　齿坯基准面径向和端面跳动公差

分度圆直径/mm		精度等级/μm				
大于	到	1 和 2	3 和 4	5 和 6	7 和 8	9 到 12
—	125	2.8	7	11	18	28
125	400	3.6	9	14	22	36
400	800	5.0	12	20	32	50

表 7.9　齿轮各主要表面的表面粗糙度推荐值

模数/mm	精度等级/μm							
	5	6	7	8	9	10	11	12
$m<6$	0.5	0.8	1.25	2.0	3.2	5.0	10	20
$6\leqslant m\leqslant 60$	0.63	1.00	0.6	2.5	4	6.3	12.5	25
$m>25$	0.8	1.25	2.0	3.2	5.0	8.0	16	32

复 习 与 思 考

1. 试述对齿轮传动的四项作用要求，其中哪几项要求是精度要求？不同用途和不同工作条件的齿轮的使用要求的侧重点是否有所不同，试举例说明。

2. 试述齿轮必检精度指标各级精度的公差或极限偏差的计算式，并说明这些必检精度指标的合格条件。

3. 试述齿轮的侧隙指标中的齿厚偏差和公法线长度偏差的定义和测量方法。在齿轮图上如何标注侧隙指标的技术要求？侧隙指标的合格条件是什么？

4. 齿轮箱体上支承相互啮合的两对轴承孔的公共轴线间的位置不正确对齿轮传动的使用要求有什么影响？为了保证使用要求，对箱体上这两条公共轴线间的位置应规定哪些项目的公差？

5. 齿轮副所需的最小侧隙如何确定？该最小侧隙的大小与齿轮的精度等级是否有关？

6. 盘形齿轮的齿轮坯公差项目有哪些？齿轮轴的齿轮坯公差项目有哪些？为什么要规定这些公差项目？齿顶圆直径偏差和齿顶圆柱面对齿轮基准轴线的径向圆跳动对齿厚测量结果有何影响？

7. 判断题

（　　）(1) 齿轮传动的平稳性是要求齿轮一转内最大转角误差限制在一定的范围内。

（　　）(2) 高速动力齿轮对传动平稳性和载荷分布均匀性都要求很高。

（　　）(3) 齿轮传动的振动和噪声是由于齿轮传递运动的不准确性引起的。

（　　）(4) 齿向误差主要反映齿宽方向的接触质量，它是齿轮传动载荷分布均匀性的主要控制指标之一。

（　　）(5) 精密仪器中的齿轮对传递运动的准确性要求很高，而对载荷分布的均匀性要求不高。

（　　）(6) 齿轮的一齿切向综合公差是评定齿轮传动平稳性的项目。

（　　）(7) 齿形误差是用作评定齿轮传动平稳性的综合指标。

（　　）(8) 圆柱齿轮根据不同的传动要求对三个公差组可以选用不同的精度等级。

（　　）(9) 齿轮副的接触斑点是评定齿轮副载荷分布均匀性的综合指标。

（　　）(10) 齿轮的精度愈高，则齿轮副的侧隙愈小。

8. 某直齿圆柱齿轮代号为 7FL，其模数 $m=1.5$ mm，齿数 $z=60$，齿形角 $\alpha=20°$。现测得其误差项目 $\Delta F_r=45$ μm，$\Delta F_w=30$ μm，$\Delta F_p=43$ μm，试问该齿轮的第Ⅰ公差组检验结果是否合格？

9. 某直齿圆柱齿轮代号为 878FL，其模数 $m = 2$ mm，齿数 $z = 60$，齿形角 $\alpha = 20°$，齿宽 $b = 30$ mm。试查出 F_p、f_f、f_{pt}、F_β、E_{SS}、E_{Si} 的公差或极限偏差值。

10. 某直齿圆柱齿轮代号为 878FL，其模数 $m = 2$ mm，齿数 $z = 60$，齿形角 $\alpha = 20°$，齿宽 $b = 30$ mm，若测量结果为：$\Delta F_p = 0.080$ mm，$\Delta f_f = 0.010$ mm，$\Delta f_{pt} = 13$ μm，$\Delta F_\beta = 16$ μm，$\Delta E_{SS} = -0.060$ mm，$\Delta E_{Si} = -0.210$ mm，试判断该齿轮是否合格，为什么？

11. 若已知某普通车床主轴箱内一渐开线直齿轮圆柱齿轮的模数 $m = 2.75$ mm，主动齿轮 1 的转数 $n_1 = 1000$ r/min，齿数 $z_1 = 26$，齿宽 $b_1 = 28$ mm，从动齿轮 2 的齿数 $z_2 = 56$，齿宽 $b_2 = 24$ mm。齿轮的材料为 45 号钢，线胀系数 $\alpha_1 = 11.5 \times 10^{-6}$℃，箱体材料为铸铁，线胀系数 $\alpha_2 = 11.5 \times 10^{-6}$℃。齿轮工作温度 $t_1 = 60$℃，箱体工作温度 $t_2 = 40$℃，采用压力喷油冷却方式。试确定主动齿轮副的精度等级和极限侧隙，以及齿轮 1 的检验组及其公差值和齿坯精度。

12. 已知直齿圆柱齿轮副，模数 $m_n = 5$ mm，齿形角 $\alpha = 20°$，齿数 $z_1 = 20$，$z_2 = 100$，内孔 $d_1 = 25$ mm，$d_2 = 80$ mm，图样标注为 6GB/T 10095.1—2008 和 6GB/T 10095.2—2008。

(1) 试确定两齿轮 f_{pt}、F_p、F_α、F_β、F_i''、f_i''、F_r 的允许值。

(2) 试确定两齿轮内孔和齿顶圆的尺寸公差、齿顶圆的径向圆跳动公差以及端面跳动公差。

第 8 章　螺纹的公差与检测

螺纹结合在机器制造和仪器制造中的应用十分广泛,尤其是普通螺纹结合的应用更为广泛。为了满足普通螺纹的使用要求,保证其互换性,我国发布了一系列普通螺纹国家标准,主要有 GB/T 14791—1993《螺纹术语》、GB/T 192—2003《普通螺纹　基本牙型》、GB/T 193—2003《普通螺纹　直径与螺距系列》、GB/T 197—2003《普通螺纹　公差》以及 GB/T 3934—2003《普通螺纹量规　技术条件》。另外,为了满足机床行业的需要,机械行业发布了 JB/T 2886—2008《机床梯形螺纹丝杠、螺母　技术条件》。本节主要介绍普通螺纹结合的公差、配合及检测以及机床梯形螺纹丝杠、螺母的精度和公差。

8.1　螺纹结合的使用要求和几何参数

8.1.1　螺纹的种类和使用要求

螺纹按用途可分为普通螺纹、传动螺纹和紧密螺纹三类。

(1) 普通螺纹:又称为紧固螺纹,用于连接或固紧各种机械零件,其类型很多,使用要求也不同,如螺栓可用来连接减速器的箱盖与箱座。普通螺纹的使用要求是具有良好的旋合性和一定的连接强度。

(2) 传动螺纹:用于传递动力、运动和位移。这类螺纹有牙型为梯形、矩形及三角形的圆柱螺纹,包括丝杠和测微螺纹。传动螺纹的使用要求是传递动力具有可靠性,传递位移具有准确性。

(3) 紧密螺纹:主要用于连接管件,如各种机械设备上液压、气动、润滑、冷却等管路系统中用于连接管与管接头、管接头与机体的螺纹。紧密螺纹的使用要求是保证连接强度和密封性。

8.1.2　普通螺纹的基本牙型

普通螺纹的基本牙型是指螺纹轴向剖面内,截去原始三角形(高为 H 的等边三角形)的顶部 $H/8$ 高度和底部 $H/4$ 高度而形成的螺纹的牙型。内外螺纹的基本牙型相同,其直径分别用大写和小写字母表示。图 8.1 中的粗实线代表基本牙型。

8.1.3　普通螺纹的主要几何参数

1. 大径

大径(major diameter)是指与外螺纹牙顶或内螺纹牙底相切的假想圆柱的直径。内、外螺纹的基本大径分别用代号 D 和 d 表示,且 $D=d$。国家标准规定,大径为内、外螺纹的公称直径。

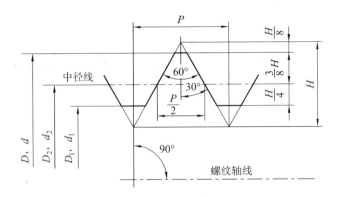

图 8.1　普通螺纹的基本牙型

2. 小径

小径(minor diameter)是指与外螺纹牙底或内螺纹牙顶相切的假想圆柱的直径。内、外螺纹的基本小径分别用代号 D_1 和 d_1 表示，且 $D_1 = d_1$。

外螺纹的大径和内螺纹的小径又称为顶径(crest diameter)；外螺纹的小径和内螺纹的大径又称为底径(root diameter)。

3. 中径

中径(pitch diameter)是一个假想圆柱的直径，该圆柱的母线通过牙型上沟槽和凸起宽度相等(即牙宽等于槽宽)的地方。内、外螺纹的基本中径分别用代号 D_2 和 d_2 表示，且 $D_2 = d_2$。

4. 单一中径

单一中径(simple pitch diameter)是一个假想圆柱的直径，该圆柱的母线通过牙型上沟槽宽度等于螺距基本值一半($P/2$)的地方，如图 8.2 所示。内、外螺纹的单一中径分别用代号 D_{2a} 和 d_{2a} 表示。

如果螺距无误差($\Delta P = 0$)，则中径就是单一中径($d_2 = d_{2a}$)；如果螺距有误差，则两者不相等。

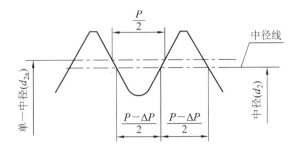

图 8.2　中径与单一中径

5. 螺距

螺距(pitch)是指相邻两牙在中径线上对应两点(同侧牙面上的点)间的轴向距离。内、外螺纹的螺距用代号 P 表示。

6. 牙型角和牙侧角

牙型角(included angle)是指通过螺纹轴线剖面内，螺纹牙型上相邻的两牙侧间的夹角，用代号 α 表示。牙型角的一半称为牙型半角($\alpha/2$)，如图 8.3(a)所示。普通螺纹的理论牙型角为 $60°$，牙型半角为 $30°$。

牙侧角(flank angle)是指在螺纹牙型上，牙侧与螺纹轴线的垂线间的夹角，左、右牙侧角分别用代号 α_1 和 α_2 表示，如图 8.3(b)所示。

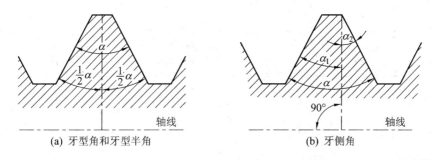

(a) 牙型角和牙型半角　　　　　　(b) 牙侧角

图 8.3　牙型角、牙型半角和牙侧角

7. 旋合长度

螺纹的旋合长度(length of thread engagement)是指相互结合的内、外螺纹沿螺纹轴线方向相互旋合部分的长度，如图 8.4 所示。

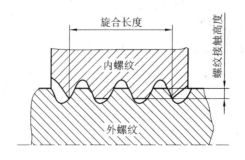

图 8.4　螺纹的旋合长度和接触高度

8. 接触高度

螺纹的接触高度(depth of thread engagement)是指在相互结合的内、外螺纹的牙型上，牙侧重合部分在垂直于螺纹轴线方向上的距离，如图 8.4 所示。普通螺纹的接触高度的基本值等于 $5H/8$。普通螺纹的基本尺寸见表 8.1。

表 8.1　普通螺纹的基本尺寸(GB/T 196—2003)　　　　　　mm

公称直径(大径) D、d	螺距 P	中径 D_2、d_2	小径 D_1、d_1
10	1.5	9.026	8.376
	1.25	9.188	8.647
	1	9.350	8.917
	0.75	9.513	9.188

公称直径（大径）D、d	螺距 P	中径 D_2、d_2	小径 D_1、d_1
11	1.5	10.26	9.376
	1	10.35	9.917
	0.75	10.513	10.188
12	1.75	10.863	10.106
	1.5	11.026	10.376
	1.25	11.188	10.647
	1	11.350	10.917
14	2	12.701	11.835
	1.5	13.026	12.376
	1.25	13.188	12.647
	1	13.350	12.917
15	1.5	14.026	13.376
	1	14.350	13.917
16	2	14.701	13.835
	1.5	15.026	14.376
	1	15.350	14.917
17	1.5	16.026	15.376
	1	16.350	15.917
18	2.5	16.376	15.294
	2	16.701	15.835
	1.5	17.026	16.376
	1	17.350	16.917
20	2.5	18.376	17.294
	2	18.701	17.835
	1.5	19.026	18.376
	1	19.350	18.917
22	2.5	20.376	19.294
	2	20.701	19.835
	1.5	21.026	20.376
	1	21.350	20.917
24	3	22.051	20.752
	2	22.701	21.835
	1.5	23.026	22.376
	1	23.350	22.917
25	2	23.701	22.835
	1.5	24.026	23.376
	1	24.350	23.917

8.2　影响螺纹互换性的主要误差

要实现螺纹结合的互换性，必须满足其使用要求，即保证其具有良好的旋合性和足够的连接强度。但是在螺纹加工过程中，其几何参数不可避免地会产生误差，从而影响螺纹的互换性。影响螺纹互换性的几何参数有螺纹的大径、中径、小径、螺距和牙侧角。螺纹的大径和小径处一般有间隙，不会影响螺纹的配合性质（对螺纹的配合影响较小）。因此，影响螺纹互换性的主要因素是中径偏差、螺距误差和牙侧角偏差。

8.2.1　中径偏差

中径偏差是指实际中径与基本中径之差。因为内、外螺纹的相互作用集中在牙侧面，所以中径尺寸不相同会直接影响牙侧面的接触状态。当外螺纹中径大于内螺纹中径时，就会产生干涉，影响旋合性；当外螺纹中径小于内螺纹中径时，会使旋合变松，削弱其连接强度。因此，必须限制螺纹中径偏差。

8.2.2　螺距误差

螺距误差分为螺距偏差（deviation in pitch）ΔP 和螺距累积误差（cumulative error in pitch）ΔP_Σ。螺距偏差是指螺距的实际值与其基本值之差。螺距累积误差是指在规定的螺纹长度内，任意两同名牙侧与中径线交点间的实际轴向距离与其基本值之差中的最大绝对值。螺距累积误差对螺纹互换性的影响比螺距偏差大。

为了便于分析，假设内螺纹具有理想牙型，外螺纹仅有螺距误差，它的 n 个螺距的实际轴向距离 $L_{外}$ 大于其基本值 nP（内螺纹的实际轴向距离 $L_{内}=nP$），因此它的螺距累积误差 $\Delta P_\Sigma=\lvert L_{外}-nP\rvert$。螺距累积误差使内、外螺纹牙侧产生干涉而不能顺利旋合，如图 8.5 中的阴影部分所示。

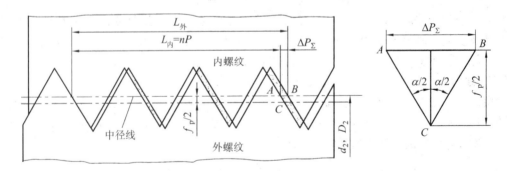

图 8.5　螺距累积误差对旋合性的影响

为了使上述具有螺距累积误差的外螺纹能够旋入理想的内螺纹，可将外螺纹的中径减小一个数值 f_p，即使牙侧上的 B 点移至与内螺纹牙侧上的 C 点接触（螺牙另一侧的间隙不变），使外螺纹轮廓刚好能被内螺纹轮廓包容。同理，如果内螺纹存在螺距累积误差，则为了保证旋合性，可将内螺纹的中径增大一个数值 F_p。f_p（或 F_p）称为螺距误差的中径当量。由图 8.5 中的△ABC 可求出：

$$f_p(\text{或 } F_p) = |\Delta P_\Sigma| \cot \frac{\alpha}{2} \tag{8-1}$$

对于普通螺纹，$\alpha/2 = 30°$，则有

$$f_p(\text{或 } F_p) = 1.732|\Delta P_\Sigma| \tag{8-2}$$

8.2.3 牙侧角偏差

牙侧角偏差是指牙侧角的实际值与其基本值之差，它包括螺纹牙侧的形状误差和牙侧相对于螺纹轴线的垂线的位置误差，对螺纹的旋合性和连接强度均有影响。

假设内螺纹具有理想牙型，与其相配合的外螺纹仅具有牙侧角误差（左牙侧角偏差为 $\Delta\alpha_1$，右牙侧角偏差为 $\Delta\alpha_2$），此时就会在大径或小径处的牙侧产生干涉。图 8.6 所示的阴影部分影响旋合性。

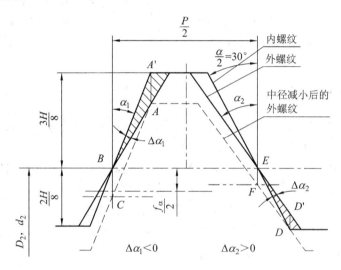

图 8.6　牙侧角偏差对旋合性的影响

为了防止干涉，保证互换性，可将外螺纹牙型沿垂直于螺纹轴线方向下移至虚线处，此时外螺纹轮廓刚好能被内螺纹轮廓包容，相当于使外螺纹的中径减小一个数值 f_a。同理，当内螺纹存在牙侧角偏差时，为了保证旋合性，应将内螺纹中径增大一个数值 F_a。f_a（或 F_a）称为牙侧角偏差的中径当量。

由图 8.6 中的 $\triangle ABC$ 和 $\triangle DEF$ 可见，由于牙侧角偏差 $\Delta\alpha_1$ 和 $\Delta\alpha_2$ 的大小和符号各不相同，左、右牙侧干涉区的最大径向干涉量 AA' 和 DD' 也就不相等，而 $BC = AA'$，$EF = DD'$，因此中径当量取它们的平均值，即

$$\frac{f_a}{2} = \frac{BC + EF}{2} \tag{8-3}$$

在 $\triangle ABC$ 和 $\triangle DEF$ 中应用正弦定理，并注意到牙型半角为 30°，得出牙侧角偏差的中径当量为

$$f_a(\text{或 } F_a) = 0.073P(K_1|\Delta\alpha_1| + K_2|\Delta\alpha_2|)(\mu m) \tag{8-4}$$

式中，P——螺距，单位为 mm。

$\Delta\alpha_1$、$\Delta\alpha_2$——左右牙侧角偏差，$\Delta\alpha_1 = \alpha_1 - 30°$，$\Delta\alpha_2 = \alpha_2 - 30°$。

K_1、K_2——左右牙侧角偏差系数。对于外螺纹，当 $\Delta\alpha_1$ 或 $\Delta\alpha_2$ 为正值时，K_1、K_2 取值

为 2；当 $\Delta\alpha_1$ 或 $\Delta\alpha_2$ 为负值时，K_1、K_2 取值为 3。内螺纹取值与外螺纹相反。

8.2.4　螺纹的作用中径和合格条件

1. 作用中径(virtual pitch diamete)

实际生产中，螺纹的中径偏差、螺距误差和牙侧角偏差是同时存在的，它们的综合结果可以用作用中径表示。

作用中径是指在规定的旋合长度内，恰好包容实际螺纹的一个假想螺纹的中径，这个假想螺纹具有理想的螺距、半角以及牙型高度，并另在牙顶处和牙底处留有间隙，以保证包容时不与实际螺纹的大、小径发生干涉。如图 8.7 所示，在规定的旋合长度内，恰好包容实际外螺纹的假想内螺纹的中径称为该外螺纹的作用中径(见图 8.7(a))，用代号 d_{2fe} 表示；恰好包容实际内螺纹的假想外螺纹的中径称为该内螺纹的作用中径(见图 8.7(b))，用代号 D_{2fe} 表示。

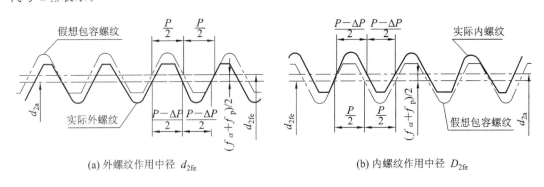

(a) 外螺纹作用中径 d_{2fe} 　　　　　　(b) 内螺纹作用中径 D_{2fe}

图 8.7　螺纹的作用中径

外螺纹和内螺纹的作用中径可分别按下式计算：

$$d_{2fe} = d_{2a} + (f_p + f_\alpha) \tag{8-5}$$

$$D_{2fe} = D_{2a} - (F_p + F_\alpha) \tag{8-6}$$

2. 螺纹的合格条件

由于螺距和牙侧角误差的影响可以折算为中径补偿值，所以螺纹中径公差可同时限制实际中径、螺距及牙侧角三个参数的误差。因此，国标中没有单独规定螺距和牙侧角公差，只规定了内、外螺纹的中径公差(T_{D_2}，T_{d_2})，中径公差是一项综合公差。

判断螺纹中径合格性的准则应遵循泰勒原则，即螺纹的作用中径不能超越最大实体牙型的中径，任意位置的实际中径(单一中径)不能超越最小实体牙型的中径，如图 8.8 所示。

所谓最大和最小实体牙型，是指在螺纹中径公差范围内，分别具有材料量最多和最少且具有与基本牙型一致的螺纹牙型。外螺纹的最大和最小实体牙型中径分别等于其中径最大和最小极限尺寸 d_{2max}、d_{2min}，内螺纹的最大和最小实体牙型中径分别等于其中径最小和最大极限尺寸 D_{2min}、D_{2max}。

按泰勒原则，螺纹中径的合格条件如下：

对于外螺纹：

$$d_{2fe} \leqslant d_{2\,max} \; 且 \; d_{2a} \geqslant d_{2min} \qquad (8-7)$$

对于内螺纹：

$$D_{2fe} \geqslant D_{2min} \; 且 \; D_{2a} \leqslant D_{2max} \qquad (8-8)$$

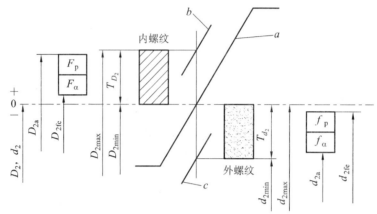

a—内、外螺纹最大实体牙型；b—内螺纹最小实体牙型；c—外螺纹最小实体牙型

图 8.8　螺纹中径合格性的判断

8.3　普通螺纹的公差与配合

GB/T 197—2003《普通螺纹　公差》标准只对普通螺纹的中径和顶径规定了公差，而对底径（内螺纹大径和外螺纹小径）没有给出公差。由于螺纹旋合长度的不同对其加工难易程度有影响，通常短旋合长度容易加工和装配，长旋合长度较难保证加工精度，装配时由于弯曲和螺距偏差也会影响配合性质。因此，螺纹的公差精度由公差带和旋合长度决定，如图 8.9 所示。

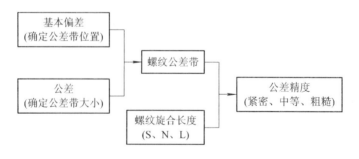

图 8.9　普通螺纹公差精度的构成

8.3.1　螺纹公差带

普通螺纹公差带是沿基本牙型的牙侧、牙顶和牙底分布的，由公差（公差带大小）和基本偏差（公差带位置）两个要素构成，用于在垂直于螺纹轴线的方向计量其大、中、小径的极限偏差和公差值。

1. 普通螺纹的公差

普通螺纹公差带的大小由公差值确定，公差值取决于公称尺寸和公差等级。GB/T 197—2003 规定的普通螺纹公差等级见表 8.2。其中 3 级最高，9 级最低，6 级为基本级。由于内螺纹较难加工，相同基本尺寸、公差等级的内螺纹中径公差比外螺纹的大 32% 左右。

表 8.2　普通螺纹的公差等级(摘自 GB/T 197—2003)

螺纹类别	螺纹直径	公差等级
内螺纹	中径 D_2	4、5、6、7、8
	小径 D_1	4、5、6、7、8
外螺纹	中径 d_2	3、4、5、6、7、8、9
	大径 d	4、6、8

内、外螺纹顶径的公差值 T_{D_1}、T_{d_1} 见表 8.3，内、外螺纹中径的公差值 T_{D_2}、T_{d_2} 见表 8.4。

表 8.3　内螺纹小径、外螺纹大径公差(GB/T 197—2003)

螺距 P/mm	内螺纹小径公差 T_{D_1}/μm					外螺纹大径公差 T_{d_1}/μm		
	公差等级					公差等级		
	4	5	6	7	8	4	6	8
1	150	190	236	300	375	112	180	280
1.25	170	212	265	335	425	132	212	335
1.5	190	236	300	375	475	150	236	375
1.75	212	265	335	425	530	170	265	425
2	236	300	375	475	600	180	280	450
2.5	280	355	450	560	710	212	335	530
3	315	400	500	630	800	236	375	600
3.5	355	450	560	710	900	265	425	670
4	375	475	600	750	950	300	475	750
4.5	425	530	670	850	1060	315	500	800
5	450	560	710	900	1120	335	530	850
5.5	475	600	750	950	1180	355	560	900
6	500	630	800	1000	1250	375	600	950
8	630	800	1000	1250	1600	450	710	1180

表 8.4 普通螺纹中径的公差（GB/T 197—2003）

公称直径 D，d/mm	螺距 P/mm	内螺纹中径公差 T_{D_2}/μm 公差等级					外螺纹中径公差 T_{d_2}/μm 公差等级							N 组旋合长度/mm	
		4	5	6	7	8	3	4	5	6	7	8	9	>	≤
>5.6~11.2	0.75	85	106	132	170	—	50	63	80	100	125	—	—	2.4	7.1
	1	95	118	150	190	236	56	71	90	112	140	180	224	3	9
	1.25	100	125	160	200	250	60	75	95	118	150	190	236	4	12
	1.5	112	140	180	224	280	67	85	106	132	170	212	265	5	15
>11.2~22.4	1	100	125	160	200	250	60	75	95	118	150	190	236	3.8	11
	1.25	112	140	180	224	280	67	85	106	132	170	212	265	4.5	13
	1.5	118	150	190	236	300	71	90	112	140	180	224	280	5.6	16
	1.75	125	160	200	250	315	75	95	118	150	190	236	300	6	18
	2	132	170	212	265	335	80	100	125	160	200	250	315	8	24
	2.5	140	180	224	280	355	85	106	132	170	212	265	335	10	30
>22.4~45	1	106	132	170	212	—	63	80	100	125	160	200	250	4	12
	1.5	125	160	200	250	315	75	95	118	150	190	236	300	6.3	19
	2	140	180	224	280	355	85	106	132	170	212	265	335	8.5	25
	3	170	212	265	335	425	100	125	160	200	250	315	400	12	36
	3.5	180	224	280	355	450	106	132	170	212	265	335	425	15	45
	4	190	236	300	375	475	112	140	180	224	280	355	450	18	53
	4.5	200	250	315	400	500	118	150	190	236	300	375	475	21	63

2. 普通螺纹的基本偏差

普通螺纹公差带的位置由基本偏差确定。国标对内螺纹规定了代号为 G、H 的两种基本偏差（皆为下偏差 EI），如图 8.10 所示；对外螺纹规定了代号为 e、f、g、h 的四种基本偏差（皆为上偏差 es），如图 8.11 所示。内、外螺纹基本偏差的数值见表 8.5。

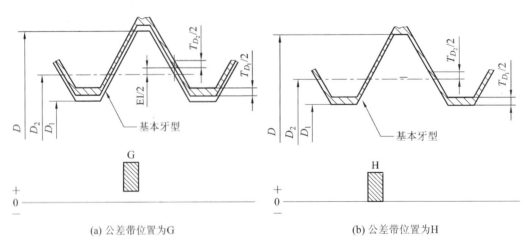

(a) 公差带位置为 G　　　　　　　　　　(b) 公差带位置为 H

图 8.10　内螺纹的公差带位置

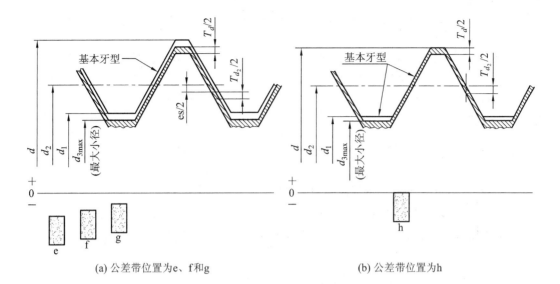

(a) 公差带位置为e、f和g　　　　　　　　　　　(b) 公差带位置为h

图 8.11　外螺纹的公差带位置

表 8.5　内、外螺纹基本偏差的数值（GB/T 197—2003）

螺距 P/mm	内螺纹的基本偏差 EI/μm		外螺纹的基本偏差 es/μm			
	G	H	e	f	g	h
1	+26		−60	−40	−26	
1.25	+28		−63	−42	−28	
1.5	+32		−67	−45	−32	
1.75	+34		−71	−48	−34	
2	+38		−71	−52	−38	
2.5	+42		−80	−58	−42	
3	+48	0	−85	−63	−48	0
3.5	+53		−90	−70	−53	
4	+60		−95	−75	−60	
4.5	+63		−100	−80	−63	
5	+71		−106	−85	−71	
5.5	+75		−112	−90	−75	
6	+80		−118	−95	−80	
8	+100		−140	−118	−100	

3. 普通螺纹的公差带代号

将螺纹的公差等级代号和基本偏差代号组合，就构成了螺纹的公差带代号。如内螺纹的公差带代号 7H、6G，外螺纹的公差带代号 6g、5h 等。注意螺纹公差带代号与一般尺寸公差带的不同，其公差等级数字在前，基本偏差代号在后。

8.3.2 普通螺纹的旋合长度与公差精度等级

国标 GB/T 197—2003 规定了普通螺纹的旋合长度分为三组：短旋合长度组、中等旋合长度组和长旋合长度组，分别用代号 S、N、L 表示。

根据螺纹的公差带和旋合长度，普通螺纹的精度等级分为精密级、中等级和粗糙级，精度依次由高到低，代表螺纹加工的难易程度。

8.3.3 普通螺纹公差和配合的选用

1. 螺纹公差精度与旋合长度的选用

螺纹公差精度的选择主要取决于螺纹的用途。

（1）精密级：用于精密连接螺纹，即要求配合性质稳定、配合间隙小，需保证一定的定心精度的螺纹连接。

（2）中等级：用于一般用途的螺纹连接。

（3）粗糙级：用于不重要的螺纹连接，以及制造比较困难（如长盲孔的攻丝）或热轧棒上和深盲孔加工的螺纹。

旋合长度的选择通常选用中等旋合长度组（N），对于调整用的螺纹，可根据调整行程的长短选取旋合长度；对于铝合金等强度较低零件上的连接螺纹，为了保证连接强度，可选用长旋合长度组（L）；对于空间位置受到限制或受力不大的螺纹，如锁紧用的特薄螺母的螺纹，可选用短旋合长度组（S）。

2. 螺纹公差带与配合的选用

生产中，为了减少螺纹刀具和量规的规格和数量，对公差带的数量（或种类）应加以限制。根据螺纹的使用精度和旋合长度，国家标准给出了推荐公差带，如表 8.6 所示。

表 8.6 普通螺纹的推荐公差带

公差精度	内螺纹公差带			外螺纹公差带		
	S	N	L	S	N	L
精密	4H	5H	6H	(3h4h)	**4h** (4g)	(5h4h) (5g4g)
中等	**5H** (5G)	**6H** **6G**	**7H** (7G)	(5g6g) (5h6h)	**6e** **6f** **6g** 6h	(7e6e) (7g6g) (7h6h)
粗糙	—	**7H** (7G)	**8H** (8G)		(8e) 8g	(9e8e) (9g8g)

表 8.6 给出了不同公差精度宜采用的公差带，同一公差精度的螺纹的旋合长度越长，则公差等级应越低。公差带优先选用顺序为粗字体公差带、一般字体公差带、括号内的公差带；带方框的粗字体公差带用于大量生产的紧固件螺纹。推荐公差带也适用于薄涂镀层

的螺纹,例如电镀螺纹。选择涂镀前,公差带应满足涂镀后螺纹实际轮廓上的任意点不超出按公差带位置 H 或 h 确定的最大实体牙型。如果设计时不知道螺纹旋合长度的实际值,可按中等旋合长度组(N)选取螺纹公差带。除特殊情况外,表 8.6 以外的其他公差带不宜选用。

表 8.6 所列内、外螺纹的公差带可以任意组合成各种螺纹配合。为了保证螺纹副有足够的螺纹接触高度,标准推荐完工后的螺纹零件宜优先组成 H/g、H/h 或 G/h 配合。其中 H/h 配合的最小间隙为零,一般情况下采用较多;H/g 或 G/h 配合适用于快速拆卸的螺纹。大量生产的紧固件螺纹推荐采用 6H/6g 配合。当内外螺纹需要涂镀时,可选用 G/e 或 G/f 配合。对于公称直径不大于 1.4 mm 的螺纹,应选用 5H/6h、4H/6h 或更精密的配合。

8.3.4 螺纹的其他技术要求

对于普通螺纹一般不规定几何公差(形位公差),其几何误差不得超出螺纹轮廓公差带所限定的极限区域,仅对高精度螺纹规定了在旋合长度内的圆柱度、同轴度和垂直度等几何公差。它们的公差值一般不大于中径公差的 50%,并按包容要求控制。

螺纹表面的粗糙度要求见表 8.7。对于疲劳强度要求高的螺纹牙底表面,Ra 要求不大于 $0.32\ \mu m$。

表 8.7 螺纹牙侧表面的粗糙度 *Ra* 值 μm

工 件	螺纹中径公差等级		
	4、5	6、7	8、9
螺栓、螺钉、螺母	1.6	3.2	3.2~6.3
轴及套上的螺纹	0.8~1.6	1.6	3.2

8.3.5 普通螺纹的标记

普通螺纹的完整标记由普通螺纹特征代号(M)、尺寸代号(公称直径×螺距等,单位为mm)、公差带代号(中径、顶径)、旋合长度组代号、旋向代号等组成,并且尺寸代号、公差带代号、旋合长度组代号和旋向代号之间用短横线"-"分开,如图 8.12 所示。

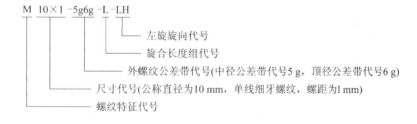

图 8.12 普通螺纹的标记

螺纹标注时应注意:① 尺寸代号中,单线螺纹为"公称直径×螺距",粗牙螺纹可省略其螺距项,多线螺纹为"公称直径×导程 Ph 螺距 P"。如要需要说明螺纹线数,可在螺距 P 的数值后加括号用英语说明,如双线为 two starts、三线为 three starts、四线为 four starts。如 M16×Ph3P1.5(two starts) - 6g7g - S。② 公差带代号中，中径公差带代号在前，顶径在后。如果中径和顶径公差带代号相同，就只标一个公差带代号。③ 中等旋合长度组代号(N)不标注。④ 右旋螺纹不标注旋向代号。如 M12 - 7H 表示公称直径为 12 mm、螺距为 1.75 mm、中径和顶径公差带代号为 7H、中等旋合长度组的单线粗牙右旋内螺纹。⑤ 对于最常用的中等公差精度的螺纹，标准还规定，公称直径 $D \leqslant 1.4$ mm 的 5H、$D \geqslant 1.6$ mm 的 6H 、螺距 $P = 0.2$ mm 公差等级为 4 级的内螺纹和公称直径 $d \leqslant 1.4$ mm 的 6h、$d \geqslant 1.6$ mm 的6g 的外螺纹，不标注公差带代号。如内螺纹标注 M10 表示中径和顶径公差带代号为 6H、中等公差精度的粗牙内螺纹。

内、外螺纹配合时，内螺纹公差带代号在前，外螺纹公差带代号在后，中间用斜线分开。例如，M22×2 - 6H/5g6g - L。

【例 8.1】 有一普通外螺纹 M12×1 - 6g，加工后测得单一中径 $d_{2a} = 11.265$ mm，螺距累积误差 $\Delta P_\Sigma = |-0.04|$ mm，左、右牙侧角偏差 $\Delta \alpha_1 = +40'$，$\Delta \alpha_2 = -60'$。试计算该外螺纹的作用中径 d_{2fe}，并判断中径的合格性。

解 (1) 确定中径的极限尺寸。

由表 8.1 查得中径基本尺寸 $d_2 = 11.350$ mm，螺距基本值 $P = 1$ mm；由表 8.4 和表 8.5 查得中径公差 $T_{d_2} = 118$ μm 和基本偏差 es $= -26$ μm，则中径的最大和最小极限尺寸为

$$d_{2max} = d_2 + \text{es} = 11.350 - 0.026 = 11.324 \text{ mm}$$
$$d_{2min} = d_{2max} - T_{d_2} = 11.206 \text{ mm}$$

(2) 计算作用中径。

由式(8.2)计算螺距误差的中径当量：
$$f_p = 1.732 \Delta P_\Sigma = 1.732 \times 0.040 = 0.069 \text{ mm}$$

由式(8.4)计算牙侧角偏差的中径当量：
$$f_\alpha = 0.073 P (K_1 |\Delta \alpha_1| + K_2 |\Delta \alpha_2|)$$
$$= 0.073 \times (2 \times |+40| + 3 \times |-60|)$$
$$= 19 \ \mu\text{m} = 0.019 \text{ mm}$$

由式(8.5)计算作用中径：
$$d_{2fe} = d_{2a} + (f_p + f_\alpha) = 11.265 + 0.069 + 0.019 = 11.353 \text{ mm}$$

(3) 判断中径合格性。

$$d_{2a} = 11.265 \text{ mm} > d_{2min} = 11.206 \text{ mm}，连接强度合格$$
$$d_{2fe} = 11.353 \text{ mm} > d_{2max} = 11.324 \text{ mm}，旋合性不合格$$

所以该外螺纹中径不合格。

8.4　梯形丝杠和螺母的精度与公差

丝杠与螺母副是机械制造及仪器制造中最为常用的传动副，其牙型主要是梯形，具有传动平稳可靠等优点，主要用于传动螺旋，如金属切削机床的进给丝杠、摩擦压力机、千斤顶等。

梯形丝杠螺母副常用牙型角为 30°的梯形螺纹，基本牙型如图 8.13 所示。GB/T 5796.1～5796.4—2005 规定了梯形螺纹的牙型、基本尺寸和公差带。

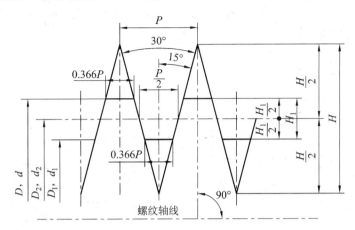

图 8.13　梯形螺纹基本牙型

机床丝杠和螺母的传动精度要求较高，机床行业为此制定了 JB/T 2886—2008《机床梯形螺纹丝杠、螺母　技术条件》。该标准适用于机床传动及定位用的牙型角为 30°的单线梯形螺纹丝杠和螺母，其主要内容和应用如下。

8.4.1　丝杠和螺母的精度等级

JB/T 2886—2008 对机床丝杠和螺母分别规定了 7 个精度等级，用阿拉伯数字 3、4、5、6、7、8、9 表示。其中 3 级精度最高，等级依次降低，9 级最低。各级精度的丝杠和螺母副的应用范围如表 8.8 所示。

表 8.8　各级精度的丝杠和螺母副的应用范围

丝杠精度	应 用 范 围
3、4	超高精度的坐标镗床和坐标磨床的传动、定位丝杠和螺母，应用较少
5、6	高精度的齿轮磨床、螺纹磨床和丝杠车床的主传动丝杠和螺母
7	精密螺纹车床、齿轮机床、镗床、外圆磨床和平面磨床等的传动丝杠和螺母
8	普通车床和普通铣床的进给丝杠和螺母
9	带分度盘的进给机构的丝杠和螺母

8.4.2　丝杠公差

1. 螺旋线轴向公差

螺旋线轴向公差(helical axial tolerance)是针对 3～6 级的高精度丝杠规定的公差项目，用于控制丝杠螺旋线轴向误差，保证丝杠的位移精度。

螺旋线轴向误差是指实际螺旋线相对于理论螺旋线在轴向偏离的最大代数差值，如图

8.14 所示。在丝杠螺纹的任意 2π rad 和任意 25 mm、100 mm、300 mm 螺纹长度内及螺纹有效长度内考核，在螺纹中径线上测量，分别用代号 $\Delta l_{2\pi}$、Δl_{25}、Δl_{100}、Δl_{300} 及 Δl_u 表示。JB/T 2886—2008 还规定了任意 2π rad 和任意 25 mm、100 mm、300 mm 螺纹长度内及螺纹有效长度内的螺旋线轴向公差。

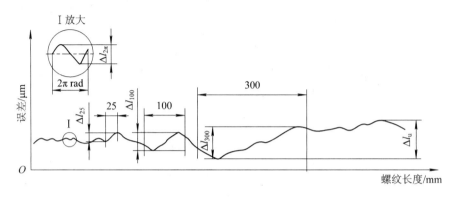

图 8.14　螺旋线轴向误差曲线

2. 螺距公差和螺距累积公差

螺距公差(pitch tolerance)和螺距累积公差(cumulative tolerance)适用于 7～9 级丝杠，分别控制螺距偏差和螺距累积误差，保证丝杠的位移精度。

螺距误差是指螺距的实际尺寸相对于公称尺寸的最大代数差值。螺距累积误差指在规定的螺纹长度内，螺纹牙型任意两同侧表面间的轴向实际尺寸相对于公称尺寸的最大代数差值。螺距累积误差在丝杠螺纹的任意 60 mm、300 mm 螺纹长度内及有效长度内测量。JB/T 2886—2008 规定了螺距公差及任意 60 mm、300 mm 螺纹长度内和螺纹有效长度内的螺距累积公差。

对于 3～6 级丝杠，用丝杠螺纹的螺旋线轴向公差控制其轴向误差。

3. 丝杠螺纹有效长度上中径尺寸的一致性公差

丝杠螺纹上各处中径实际尺寸变动会影响丝杠与螺母配合间隙的均匀性，降低丝杠的位移精度。为此，JB/T 2886—2008 规定了丝杠螺纹有效长度内中径尺寸的一致性公差。

4. 丝杠螺纹大径对螺纹轴线的径向圆跳动公差

丝杠螺纹轴线弯曲会影响丝杠与螺母配合间隙的均匀性，降低丝杠的位移精度。对此，JB/T 2886—2008 规定了丝杠螺纹大径对螺纹轴线的径向圆跳动公差，来控制丝杠轴线的弯曲。

5. 丝杠螺纹牙型半角极限偏差

丝杠螺纹牙型半角极限偏差会使丝杠与螺母螺纹螺牙侧面接触部位减小，导致丝杠螺纹螺牙侧面不均匀磨损，影响丝杠的位移精度。因此，JB/T 2886—2008 对 3～9 级精度的丝杠规定了牙型半角极限偏差。

6. 丝杠螺纹的大径、中径和小径的极限偏差

为了保证丝杠传动所需的间隙，JB/T 2886—2008 对丝杠螺纹规定了大径、中径和小径的极限偏差，而且各级精度的丝杠螺纹都取相同的极限偏差。

8.4.3　螺母螺纹公差

螺母螺纹的几何参数测量比较困难，因此 JB/T 2886—2008 对螺母螺纹仅规定了大径、中径和小径的极限偏差。

螺母分为配制螺母和非配制螺母。配制螺母螺纹中径的极限尺寸以丝杠螺纹中径的实际尺寸为基数，按 JB/T 2886—2008 所规定的配制螺母与丝杠的中径径向间隙来确定。而非配制螺母螺纹中径的极限尺寸则按该标准所规定的极限偏差来确定。

上述丝杠和螺母的公差和极限偏差的数值可查阅 JB/T 2886—2008。此外，该标准还对各级精度的丝杠和螺母螺纹的大径表面、牙型侧面和小径表面分别规定了表面粗糙度轮廓幅度参数 Ra 的上限值。

8.4.4　丝杠和螺母螺纹的标记

机床丝杠和螺母螺纹的标记由产品代号 T、公称直径(mm)、螺距(mm)、螺纹旋向和精度等级等组成，形式如图 8.15 所示。例如，T55×12−6 表示公称直径 55 mm、螺距 12 mm、精度 6 级的右旋丝杠螺纹；T55×12LH−6 表示公称直径 55 mm、螺距 12 mm、精度 6 级的左旋丝杠螺纹。

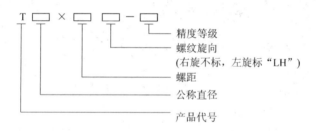

图 8.15　丝杠和螺母螺纹的标记

8.5　普通螺纹的检测

普通螺纹的检测可分为综合检验和单项测量两类。

8.5.1　综合检验

对于成批生产的用于紧固类的普通螺纹，一般采用综合检验方法。综合检验是指使用螺纹量规(screw thread gauge)检验被测螺纹各个几何参数的误差的综合结果，螺纹量规有通规和止规之分，它们都是按泰勒原则设计的。通规用来检验被测螺纹的作用中径(含底径)，止规用来检验被测螺纹的单一中径，另外还需用光滑极限量规检验被测螺纹顶径的实际尺寸，如图 8.16 和图 8.17 所示。

检验内螺纹的量规称为螺纹塞规，检验外螺纹的量规称为螺纹环规。

螺纹量规通规模拟体现被测螺纹的最大实体牙型，检验被测螺纹的作用中径是否超出其最大实体牙型的中径，同时检验被测螺纹底径的实际尺寸是否超出其最大实体尺寸。通规应具有完整的牙型，且其螺纹长度应等于被测螺纹的旋合长度。止规用来检验被测螺纹的单一中径是否超出其最小实体牙型的中径,止规采用截短牙型,且只有2~3个螺距的螺纹长度。

　　用螺纹量规检验时,若通规能够旋合通过整个被测螺纹,则认为旋合性合格,否则不合格;如果止规不能旋入或不能完全旋入被测螺纹(只允许与被测螺纹的两端旋合,旋合量不得超过两个螺距),则认为连接强度合格,否则不合格。

　　螺纹量规通规、止规以及检验螺纹顶径用的光滑极限量规的设计计算详见 GB/T 3934—2003《普通螺纹量规　技术条件》。

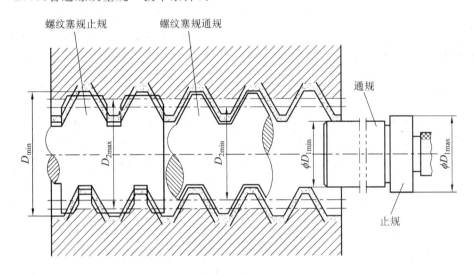

图 8.16　用螺纹塞规和光滑极限塞规检测内螺纹

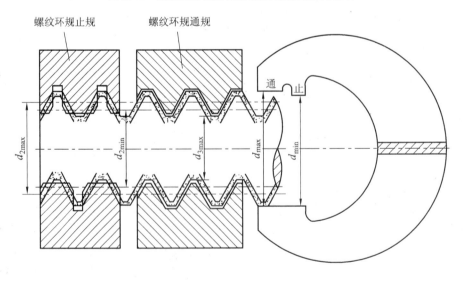

图 8.17　用螺纹环规和光滑极限卡规检测外螺纹

8.5.2　单项测量

　　单项测量是指对被测螺纹的各个几何参数分别进行测量,主要用于螺纹工件的工艺分析,如精密螺纹、螺纹量规、螺纹刀具和丝杠螺纹测量等。常用的单项测量方法有以下几种。

1. 三针法测量外螺纹单一中径

三针法可以精确测量外螺纹单一中径，如图 8.18(a)所示。将三根直径相同的精密圆柱量针分别放入被测螺纹直径方向的两边沟槽中，与牙型两侧面接触，然后用指示式量仪测量这三根量针外侧母线之间的距离(跨针距)M。根据测得的跨针距 M、被测螺纹螺距的基本值 P、牙型半角 α/2 和量针直径 d_0 计算出被测螺纹的单一中径 d_{2a}：

$$d_{2a} = M - d_0 \left[1 + \frac{1}{\sin \frac{\alpha}{2}} \right] + \frac{P}{2} \cos \frac{\alpha}{2} \qquad (8-9)$$

根据式(8-9)分析可知，影响螺纹单一中径测量精度的因素有跨针距 M 的测量误差、量针的尺寸偏差和形状误差、被测螺纹的螺距偏差和牙侧角偏差。

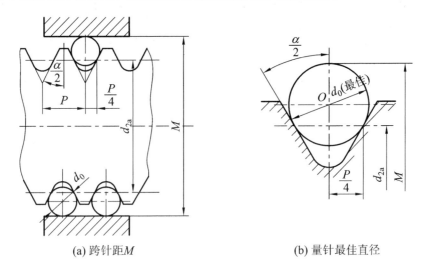

(a) 跨针距 M　　　　　　　(b) 量针最佳直径

图 8.18　三针法测量外螺纹单一中径

为了避免牙侧角偏差对测量结果的影响，应使量针与被测螺纹牙型沟槽的两个接触点间的轴向距离等于螺距基本值的一半(P/2)，如图 8.18(b)所示，可得最佳的量针直径 d_0 的计算公式如下：

$$d_0 = \frac{P}{2 \cos \frac{\alpha}{2}} \qquad (8-10)$$

用三针法测量外螺纹单一中径时，应尽量选用具有最佳直径的量针。

2. 影像法测量外螺纹几何参数

影像法测量外螺纹几何参数是指用工具显微镜将被测外螺纹牙型轮廓放大成像，按被测外螺纹的影像来测量其牙侧角、螺距和中径，也可测量其大径和小径。它是一种较为广泛的测量方法。

以上两种测量方法测量精度较高，主要用于测量精密螺纹、螺纹量规、螺纹刀具和丝杠螺纹。

3. 用螺纹千分尺测量外螺纹中径

用螺纹千分尺测量螺纹的精度较低，主要适用于单件小批量生产中较低精度的外螺纹零件的测量。螺纹千分尺是生产车间测量低精度外螺纹中径的常用量具。

复 习 与 思 考

1. 影响螺纹互换性的主要参数有哪些？

2. 以外螺纹为例，试说明螺纹中径、单一中径和作用中径的区别和联系以及三者在什么情况下相等。

3. 如何确定外螺纹和内螺纹的作用中径？作用中径的合格条件是什么？

4. 为什么螺纹精度由公差带和旋合长度共同决定？

5. 螺纹 M16×1.5−6g，加工后测得 $d_{2a}=14.85$ mm，$\Delta P_{\Sigma}=0.03$ mm，$\Delta\alpha_1=+44'$，$\Delta\alpha_2=-44'$，试判断螺纹中径的合格性。

第 9 章　几何量的测量

9.1　概　　述

9.1.1　测量的基本概念

检测是测量与检验的总称。测量是指将被测量与作为测量单位的标准量进行比较，从而确定被测量的实验过程；而检验是指判断零件是否合格，不需要测出具体数值。

由测量的定义可知，任何一个测量过程都必须有明确的被测对象和确定的测量单位，还要有与被测对象相适应的测量方法，而且测量结果还要达到所要求的测量精度。因此，一个完整的测量过程应包括如下 4 个要素：

（1）被测对象。我们研究的被测对象是几何量，即长度、角度、形状、位置、表面粗糙度以及螺纹、齿轮等零件的几何参数。

（2）测量单位。我国采用的法定计量单位是：长度的计量单位为米（m），角度单位为弧度（rad）和度（°）、分（′）、秒（″）。在机械零件制造中，常用的长度计量单位是毫米（mm）；在几何量精密测量中，常用的长度计量单位是微米（μm）；在超精密测量中，常用的长度计量单位是纳米（nm）。常用的角度计量单位是弧度、微弧度（μrad）和度、分、秒。1 μrad＝10^{-6} rad，$1°＝0.017\ 453\ 3$ rad。

（3）测量方法。测量方法是指测量时所采用的测量原理、测量器具和测量条件的总和。

（4）测量精度。测量精度是指测量结果与被测量真值的一致程度。精密测量要将误差控制在允许的范围内，以保证测量精度。为此，除了合理地选择测量器具和测量方法外，还应正确估计测量误差的性质和大小，以保证测量结果具有较高的置信度。

9.1.2　基准与量值传递

1. 长度基准与量值传递

国际上统一使用的公制长度基准是在 1983 年第 17 届国际计量大会上通过的，以米作为长度基准。米的新定义是：光在真空中在 1/299 792 458 秒的时间间隔内所行进的距离。为了保证长度测量的精度，还需要建立准确的量值传递系统。鉴于激光稳频技术的发展，用激光波长作为长度基准具有很好的稳定性和复现性。我国采用碘吸收稳定的氦氖激光辐射作为波长标准来复现米。

在实际应用中，不能直接使用光波作为长度基准进行测量，而是采用各种测量器具进行测量。为了保证量值统一，必须把长度基准的量值准确地传递到生产中应用的计量器具和被测工件上。长度基准的量值传递系统如图 9.1 所示。

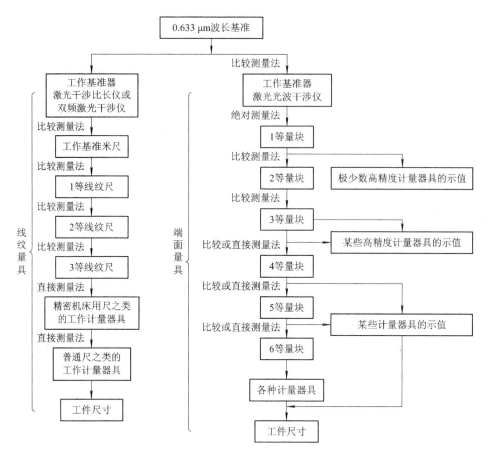

图 9.1　长度基准的量值传递系统

2. 角度基准与量值传递

角度是重要的几何量之一,一个圆周角定义为 360°,角度不需要像长度一样建立自然基准。但在计量部门,为了方便,仍采用多面棱体(菱形块)作为角度量值的基准。机械制造中的角度标准一般是角度量块、测角仪或分度头等。

多面棱体有 4 面、6 面、8 面、12 面、24 面、36 面及 72 面等。以多面棱体作角度基准的量值传递系统如图 9.2 所示。

图 9.2　角度量值传递系统

9.2　量块的基础知识

量块是精密测量中经常使用的标准器具,分为长度量块和角度量块两类。

1. 长度量块

长度量块是单值端面量具,其形状大多为长方六面体,其中一对平行平面为量块的工作表面，两工作表面的间距（即长度）为量块的工作尺寸。量块由特殊合金钢制成，耐磨且不易变形，工作表面之间或与平晶（见图 9.3）表面间具有可研合性，以便组成所需尺寸的量块组。

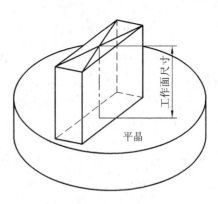

长度量块尺寸方面的术语如下：

（1）标称长度：量块上标出的尺寸称为量块的标称长度 l_n。

（2）实际长度：量块长度的实际测得值称为量块的实际长度，分为中心长度 l_c 和任意点长度 l_i。

（3）量块的长度变动量：量块任意点长度 l_i 的最大差值，即 $l_v = l_{i\,max} - l_{i\,min}$。

图 9.3 量块工作面与平晶研合

（4）量块的长度偏差：量块的长度实测值与标称长度之差。

2. 角度量块

角度量块有三角形（一个工作角）和四边形（四个工作角）两种。三角形角度量块只有一个工作角（$10° \sim 79°$），可以用作角度测量的标准量具，而四边形角度量块则有四个工作角度（$80° \sim 100°$），可以用作角度测量的标准量具。

9.2.1 量块的分级

根据国家标准 GB/T 6093—2001，量块按制造精度分为 5 级，即 K 级、0 级、1 级、2 级、3 级（精度等级依次降低），K 级为校准级。量块"级"的主要指标是量块测量面上任一点的量块长度相对于标称长度的极限偏差和量块长度变动量的最大允许值。量块按"级"使用时，以量块的标称长度作为工作尺寸，该尺寸包含了量块的制造误差，不需要加修正值，使用较方便，但不如按"等"使用时的测量精度高。量块分级的精度指标见表 9.1。

表 9.1 量块的分级（GB/T 6093—2001）

标称长度 l_n/mm		K 级		0 级		1 级		2 级		3 级	
大于	至	$\pm t_e$	t_v	$\pm t_e$	t_v	$\pm t_e$	t_v	$\pm t_e$	t_v	$\pm t_e$	t_v
		（单位为 μm）									
—	10	0.20	0.05	0.12	0.10	0.20	0.16	0.45	0.30	1.00	0.50
10	25	0.30	0.05	0.14	0.10	0.30	0.16	0.60	0.30	1.20	0.50
25	50	0.40	0.06	0.20	0.10	0.40	0.18	0.80	0.30	1.60	0.55
50	75	0.50	0.06	0.25	0.12	0.50	0.18	1.00	0.35	2.00	0.55
75	100	0.60	0.07	0.30	0.12	0.60	0.20	1.20	0.35	2.50	0.60
100	150	0.80	0.08	0.40	0.14	0.80	0.20	1.60	0.40	3.00	0.65

注：（1）$\pm t_e$ 表示量块测量面上任意点长度相对于标称长度的极限偏差。

（2）t_v 表示量块长度变动量的最大允许值。

（3）距离测量面边缘 0.8 mm 范围内不计。

9.2.2 量块的分等

量块按检定精度分为 1～5 等，其中 1 等精度最高，5 等精度最低。量块按"等"使用时，以量块检定书列出的实测中心长度作为工作尺寸，该尺寸排除了量块的制造误差，只包含检定时较小的测量误差。因此，量块按"等"使用时比按"级"使用时的测量精度高。量块分等的精度指标见表 9.2。

表 9.2 量块的分等（JJG 146—2003）

标称长度 l_n/mm		1 等		2 等		3 等		4 等		5 等	
		测量不确定度	长度变动量	测量不确定度	长度变动量	测量不确定度	长度变动量	测量不确定度	长度变动量	测量不确定度	长度变动量
大于	至	最大允许值（单位为 μm）									
—	10	0.022	0.05	0.06	0.10	0.11	0.16	0.22	0.30	0.60	0.50
10	25	0.025	0.05	0.07	0.10	0.12	0.16	0.25	0.30	0.60	0.50
25	50	0.030	0.06	0.08	0.10	0.15	0.18	0.30	0.30	0.80	0.55
50	75	0.035	0.06	0.09	0.12	0.18	0.18	0.35	0.35	0.90	0.55
75	100	0.040	0.07	0.10	0.12	0.20	0.20	0.40	0.35	1.00	0.60
100	150	0.050	0.08	0.12	0.14	0.25	0.20	0.50	0.40	1.20	0.65

注：（1）距离测量面边缘 0.8 mm 范围内不计。

（2）表内测量不确定度的置信概率为 0.99。

长度量块的分等，其量值按长度量值传递系统进行，即低一等的量块的检定必须用高一等的量块作基准进行测量。

按"等"使用量块时，在测量上需要加入修正值，虽麻烦一些，但消除了量块尺寸制造误差的影响，为此，可用制造精度较低的量块进行较精密的测量。

9.3 测量器具的测量方法

9.3.1 测量器具

1. 量具类

量具类是通用的有刻度的或无刻度的一系列单值和多值的量块和量具等，如长度量块、90°角尺、角度量块、线纹尺、游标卡尺、千分尺等。

2. 量规

量规是没有刻度且专用的计量器具，可用以检验零件要素实际尺寸和形位误差的综合结果。使用量规检验不能得到工件的具体实际尺寸和形位误差值，而只能确定被检验工件是否合格。如使用光滑极限量规检验孔、轴时，只能判定孔、轴的合格与否，不能得到孔、轴的实际尺寸。

3. 计量仪器

计量仪器(简称量仪)是能将被测几何量的量值转换成可直接观测的示值或等效信息的一类计量器具。计量仪器按原始信号转换的原理可分为以下几种:

(1)机械量仪:用机械方法实现原始信号转换的量仪,一般都具有机械测微机构。这种量仪结构简单,性能稳定,使用方便,如指示表、杠杆比较仪等。

(2)光学量仪:用光学方法实现原始信号转换的量仪,一般都具有光学放大(测微)结构。这种量仪精度高,性能稳定,如光学比较仪、工具显微镜、干涉仪等。

(3)电动量仪:能将原始信号转换为电量信号的量仪,一般都具有放大、滤波等电路。这种量仪精度高,测量信号经模/数(A/D)转换后,易于与计算机连接,实现测量和数据处理的自动化,如电感比较仪、电动轮廓仪、圆度仪等。

(4)气动量仪:以压缩空气为介质,通过气动系统流量或压力的变化来实现原始信号转换的量仪。这种量仪结构简单,测量精度和效率都高,操作方便,但示值范围小,如水柱式气动量仪、浮标式气动量仪等。

4. 计量装置

计量装置是指为确定被测几何量量值所必需的计量器具和辅助设备的总体。它能够测量同一工件上较多的几何量和形状比较复杂的工件,有助于实现检测自动化或半自动化,如齿轮综合精度检查仪、发动机缸体孔的几何精度综合测量仪等。

9.3.2　测量方法

在实际工作中,测量方法通常是指获得测量结果的具体方式,它可以按下面几种情况进行分类。

1. 按实测几何量是否为被测几何量分类

(1)直接测量:被测几何量的量值直接由计量器具读出。例如,用游标卡尺、千分尺测量轴径的大小。

(2)间接测量:欲测量的几何量的量值由实测几何量的量值按一定的函数关系式运算后获得。例如,采用"弓高弦长法"间接测量圆弧样板的半径 R,只要测得弓高 h 和弦长 b 的量值,然后按公式进行计算即可得到 R 的量值。

直接测量过程简单,其测量精度只与这一测量过程有关,而间接测量的精度不仅取决于实测几何量的测量精度,还与所依据的计算公式和计算的精度有关。一般来说,直接测量的精度比间接测量的精度高。因此,应尽量采用直接测量,对于受条件所限无法进行直接测量的场合采用间接测量。

2. 按示值是否为被测几何量的量值分类

(1)绝对测量:计量器具的示值,也就是被测几何量的量值。例如,用游标卡尺、千分尺测量轴径的大小。

(2)相对测量:又称比较测量,是计量器具的示值只是被测几何量相对于标准量(已知)的偏差,被测几何量的量值等于已知标准量与该偏差值(示值)的代数和。例如,用立式光学比较仪测量轴径,测量时先用量块调整示值零位,该比较仪指示出的示值为被测轴径相对于量块尺寸的偏差。一般来说,相对测量的精度比绝对测量的精度高。

3. 按测量时被测表面与计量器具的测头是否接触分类

（1）接触测量：在测量过程中，计量器具的测头与被测表面接触，即有测量力存在。例如，用立式光学比较仪测量轴径。

（2）非接触测量：在测量过程中，计量器具的测头不与被测表面接触，即无测量力存在。例如，用光切显微镜测量表面粗糙度，用气动量仪测量孔径。

对于接触测量，测头和被测表面的接触会引起弹性变形，即产生测量误差，而非接触测量则无此影响，故易变形的软质表面或薄壁工件多用非接触测量。

4. 按工件上是否有多个被测几何量同时测量分类

（1）单项测量：对工件上的各个被测几何量分别进行测量。例如，用公法线千分尺测量齿轮的公法线长度变动，用跳动检查仪测量齿轮的齿圈径向跳动等。

（2）综合测量：对工件上几个相关几何量的综合效应同时测量得到综合指标，以判断综合结果是否合格。例如，用齿距仪测量齿轮的齿距累积误差，实际上反映的是齿轮的公法线长度变动和齿圈径向跳动两种误差的综合结果。

综合测量的效率比单项测量的效率高。一般来说，单项测量便于分析工艺指标，综合测量便于只要求判断合格与否，而不需要得到具体的测得值的场合。

依据测头和被测表面之间是否处于相对运动状态，还可以分为动态测量和静态测量。动态测量是在测量过程中，测头与被测表面处于相对运动状态。动态测量效率高，并能测出工件上几何参数连续变化时的情况。例如，用电动轮廓仪测量表面粗糙度是动态测量。此外，还有主动测量（也称在线测量），是在加工工件的同时对被测几何量进行测量。其测量结果可直接用以控制加工过程，及时防止废品的产生。

9.3.3　度量指标

计量器具的基本技术性能指标是合理选择和使用计量器具的重要依据。下面以机械式测微比较仪（如图9.4所示）为例介绍一些常用的计量技术性能指标。

（1）刻度间距：计量器具的标尺或分度盘上相邻两刻线中心之间的距离或圆弧长度。考虑人眼观察的方便，一般应取刻度间距为 0.75～2.5 mm。

（2）分度值：计量器具的标尺或分度盘上每一刻度间距所代表的量值。一般长度计量器具的分度值有 0.1 mm、0.05 mm、0.02 mm、0.01 mm、0.005 mm、0.002 mm、0.001 mm 等几种。一般来说，分度值越小，计量器具的精度就越高。

（3）分辨力：计量器具所能显示的最末一位数所代表的量值。由于在一些量仪（如数字式量仪）中，其读数采用非标尺或非分度盘显示，因此就不能使用分度值这一概念，而将其称作分辨力。例如，国产 JC19 型数显式万能工具显微镜的分辨力为 $0.5~\mu m$。

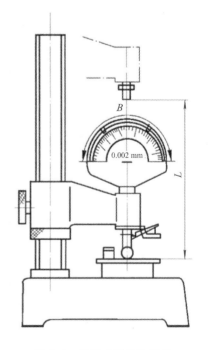

图 9.4　机械式测微比较仪

（4）示值范围：计量器具所能显示或指示的被测几何量起始值到终止值的范围。例如，机械式测微仪的示值范围为±100 μm，见图 9.4 中 B。

（5）测量范围：计量器具在允许的误差限度内所能测出的被测几何量量值的下限值到上限值的范围，一般测量范围上限值与下限值之差称为量程。例如，立式光学比较仪的测量范围为 0～180 mm，或者说立式光学比较仪的量程为 180 mm。

（6）灵敏度：计量器具对被测几何量微小变化的响应变化能力。若被测几何量的变化为 Δx，该几何量引起计量器具的响应变化能力为 ΔL，则灵敏度 $S = \Delta L / \Delta x$。

当上式中分子和分母为同种量时，灵敏度也称为放大比或放大倍数。对于具有等分刻度的标尺或分度盘的量仪，放大倍数 K 等于刻度间距 a 与分度值 i 之比，即 $K = a/i$。一般来说，分度值越小，则计量器具的灵敏度就越高。

（7）示值误差：计量器具上的示值与被测几何量的真值的代数差。一般来说，示值误差越小，则计量器具的精度就越高。

（8）修正值：为了消除或减少系统误差，用代数法加到测量结果上的数值。其大小与示值误差的绝对值相等，而符号相反。例如，示值误差为 − 0.004 mm，则修正值为 ＋0.004 mm。

（9）测量重复性：在相同的测量条件下，对同一被测几何量进行多次测量时，各测量结果之间的一致性。通常以测量重复性误差的极限值（正、负偏差）来表示测量重复性。

（10）不确定度：由于测量误差的存在而对被测几何量量值不能肯定的程度，它直接反映测量结果的置信度。

9.4　测量误差及数据处理

9.4.1　测量误差与精度

1. 测量误差

对于任何测量过程，由于计量器具和测量条件方面的限制，不可避免地会出现或大或小的测量误差。因此，每一个实际测得值往往只是在一定程度上接近被测几何量的真值，这种实际测得值与被测几何量的真值称为测量误差。

1）测量误差的表示

测量误差可以用绝对误差或相对误差来表示。

（1）绝对误差。绝对误差是指被测几何量的测得值与其真值之差，即

$$\delta = l - L \tag{9-1}$$

式中，δ 为绝对误差，l 为被测几何量的测得值，L 为被测几何量的真值。

测量误差的绝对值越小，被测几何量的测得值就越接近真值，表明测量精度越高；反之，则表明测量精度越低。对于大小不相同的被测几何量，用绝对误差表示测量精度不方便，所以需要用相对误差来表示或比较它们的测量精度。

（2）相对误差。相对误差是指绝对误差（取绝对值）与真值之比。由于 L 无法得到，因此在实际应用中常以被测几何量的测得值代替真值进行估算，则有

$$f = \frac{\delta}{l} \tag{9-2}$$

式中，f 为相对误差。

相对误差是一个无量纲的数值，通常用百分比来表示。例如，测得两个孔的直径大小分别为 25.43 mm 和 41.94 mm，其绝对误差分别为 $+0.02$ mm 和 $+0.01$ mm，则计算得到其相对误差分别为

$$f_1 = \frac{0.02}{25.43} = 0.0786\%$$

$$f_2 = \frac{0.01}{41.94} = 0.0238\%$$

显然，后者的测量精度比前者高。

2）产生误差的因素

由于测量误差的存在，测得值只能近似地反映被测几何量的真值。为减小测量误差，须分析产生测量误差的原因，以便提高测量精度。在实际测量中，产生测量误差的因素很多，归纳起来主要有以下几个方面：

（1）计量器具的误差。计量器具的误差是指计量器具本身的误差，包括计量器具的设计、制造和使用过程中的误差，这些误差的总和反映在示值误差和测量的重复性上。

设计计量器具时，为了简化结构而采用近似设计的方法会产生测量误差。例如，当设计的计量器具不符合阿贝原则时会产生测量误差。阿贝原则是指测量长度时，应使被测零件的尺寸线（简称被测线）和量仪中作为标准的刻度尺（简称标准线）重合或顺次排成一条直线。如千分尺的标准线（测微螺杆轴线）与工件被测线（被测直径）在同一条直线上，而游标卡尺作为标准长度的刻度尺与被测直径不在同一条直线上。一般符合阿贝原则的测量引起的测量误差很小，可以略去不计，不符合阿贝原则的测量引起的测量误差较大。所以用千分尺测量轴径要比用游标卡尺测量轴径的测量误差更小，即测量精度更高。有关阿贝原则的详细内容可以参考计量仪器方面的书籍。

计量器具零件的制造和装配误差也会产生测量误差。例如，标尺的刻线距离不准确、指示表的分度盘与指针回转轴的安装有偏心等皆会产生测量误差。计量器具在使用过程中零件的变形等会产生测量误差。此外，相对测量时使用的标准量（如长度量块）的制造误差也会产生测量误差。

（2）方法误差。方法误差是指测量方法的不完善（包括计算公式不准确，测量方法选择不当，工件安装、定位不准确等）引起的误差，它会产生测量误差。例如，在接触测量中，由于测头测量力的影响，使被测零件和测量装置产生变形而产生测量误差。

（3）环境误差。环境误差是指测量时环境条件（温度、湿度、气压、照明、振动、电磁场等）不符合标准的测量条件所引起的误差，它会产生测量误差。例如，环境温度的影响：在测量长度时，规定的环境条件标准温度为 20℃，但是在实际测量时被测零件和计量器具的温度对标准温度均会产生或大或小的偏差，而被测零件和计量器具的材料不同时它们的线膨胀系数也不相同，这将产生一定的测量误差 δ，其大小可按式（9-3）进行计算：

$$\delta = x[\alpha_1(t_1 - 20) - \alpha_2(t_2 - 20)] \tag{9-3}$$

式中，x 为被测长度，α_1、α_2 为被测零件、计量器具的线膨胀系数，t_1、t_2 为测量时被测零件、计量器具的温度（℃）。

（4）人员误差。人员误差是指测量人员人为的差错，如测量瞄准不准确、读数或估读错误等，都会产生人为的测量误差。

3）误差的分类

测量误差按特点和性质可分为系统误差、随机误差和粗大误差三类。

（1）系统误差。系统误差是指在一定测量条件下，多次测取同一量值时，绝对值和符号均保持不变的测量误差，或者绝对值和符号按某一规律变化的测量误差。前者称为定值系统误差，后者称为变值系统误差。例如，在比较仪上用相对法测量零件尺寸时，调整量仪所用量块的误差就会引起定值系统误差；量仪的分度盘与指针回转轴偏心所产生的示值误差会引起变值系统误差。

根据系统误差的性质和变化规律，系统误差可以用计算或实验对比的方法确定，用修正值（校正值）从测量结果中予以消除。但在某些情况下，系统误差由于变化规律比较复杂，不易确定，因而难以消除。

（2）随机误差。随机误差是指在一定测量条件下，多次测取同一量值时，绝对值和符号以不可预定的方式变化的测量误差。随机误差主要是由测量过程中一些偶然性因素或不确定因素引起的。例如，量仪传动机构的间隙、摩擦、测量力的不稳定以及温度波动等引起的测量误差，都属于随机误差。

就某一次具体测量而言，随机误差的绝对值和符号无法预先知道。但对于连续多次重复测量来说，随机误差符合一定的概率统计规律，因此，可以应用概率论和数理统计的方法来对它进行处理。

系统误差和随机误差的划分并不是绝对的，它们在一定的条件下是可以相互转化的。例如，按一定基本尺寸制造的量块总是存在着制造误差，对某一具体量块来讲，可认为该制造误差是系统误差，但对一批量块而言，制造误差是变化的，可以认为它是随机误差。

在使用某一量块时，若没有检定该量块的尺寸偏差而按量块标称尺寸使用，则制造误差属随机误差；若检定出该量块的尺寸偏差，按量块实际尺寸使用，则制造误差属系统误差。

掌握误差转化的特点，可根据需要将系统误差转化为随机误差，用概率论和数理统计的方法来减小该误差的影响；也可将随机误差转化为系统误差，用修正的方法减小该误差的影响。

（3）粗大误差。粗大误差是指超出在一定测量条件下预计的测量误差，就是对测量结果产生明显歪曲的测量误差。含有粗大误差的测得值称为异常值，它的数值比较大。粗大误差的产生有主观和客观两方面的原因，主观原因如测量人员疏忽造成的读数误差，客观原因如外界突然振动引起的测量误差。由于粗大误差明显歪曲测量结果，因此在处理测量数据时，应根据判别粗大误差的准则设法将其剔除。

2. 测量精度

测量精度是指被测几何量的测得值与其真值的接近程度。它和测量误差是从两个不同的角度说明同一概念的术语。测量误差越大，则测量精度越低；测量误差越小，则测量精度越高。为了反映系统误差和随机误差对测量结果的不同影响，测量精度可分为以下几种：

（1）正确度。正确度反映了测量结果受系统误差的影响程度。系统误差小，则正确度高。

（2）精密度。精密度反映了测量结果受随机误差的影响程度。它是指在一定测量条件下连续多次测量所得的测得值之间相互接近的程度。随机误差小，则精密度高。

（3）准确度。准确度反映了测量结果同时受系统误差和随机误差综合影响的程度。若系统误差和随机误差都小，则准确度高。

对于一个具体的测量，精密度高，正确度不一定高；正确度高，精密度也不一定高；精密度和正确度都高的测量，准确度就高；精密度和正确度中有一个不高，准确度就不高。

9.4.2　各类测量误差的处理

通过对某一被测几何量进行连续多次的重复测量，得到一系列的测量数据（测得值）即测量列。可以对该测量列进行数据处理，以消除或减小测量误差的影响，提高测量精度。

1. 测量列中随机误差的处理

随机误差不可能被修正或消除，但可应用概率论与数理统计的方法估计出随机误差的大小和规律，并设法减小其影响。

1）随机误差的特性及分布规律

通过对大量的测试实验数据进行统计后发现，随机误差常服从正态分布规律（随机误差还存在其他规律的分布，如等概率分布、三角分布、反正弦分布等），其正态分布曲线如图 9.5 所示（横坐标 δ 表示随机误差，纵坐标 y 表示随机误差的概率密度）。

正态分布的随机误差具有下面四个基本特性：

（1）单峰性。绝对值越小的随机误差出现的概率越大，反之则越小。

（2）对称性。绝对值相等的正、负随机误差出现的概率相等。

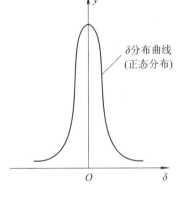

图 9.5　正态分布曲线

（3）有界性。在一定测量条件下，随机误差的绝对值不超过一定界限。

（4）抵偿性。随着测量次数的增加，随机误差的算术平均值趋于零，即各次随机误差的代数和趋于零。这一特性是对称性的必然反映。

正态分布曲线的数学表达式为

$$y = \frac{1}{\sigma \sqrt{2\pi}} e^{-\left(\frac{\delta^2}{2\sigma^2}\right)} \tag{9-4}$$

式中，y 为概率密度，σ 为标准偏差，δ 为随机误差。

2）随机误差的标准偏差 σ

从式（9-4）可以看出，概率密度 y 的大小与随机误差 δ、标准偏差 σ 有关。当 $\delta = 0$ 时，概率密度 y 最大，即 $y_{max} = \frac{1}{\sigma} \sqrt{2\pi}$，显然概率密度的最大值 y_{max} 是随标准偏差 σ 变化的。标准偏差 σ 越小，分布曲线越陡，随机误差的分布就越集中，表示测量精度越高。反之，标准偏差 σ 越大，分布曲线越平坦，随机误差的分布就越分散，表示测量精度越低。随机误差的标准偏差 σ 可由式（9-5）得出：

$$\sigma = \left(\sum \frac{\delta^2}{n} \right)^{\frac{1}{2}} \tag{9-5}$$

式中，n 为测量次数。

标准偏差 σ 是反映测量列中测得值分散程度的一项指标，它表示的是测量列中单次测量值（任一测得值）的标准偏差。

3）随机误差的极限值 $\delta_{\lim}$

由于随机误差具有有界性，因此随机误差的大小不会超过一定的范围。随机误差的极限值就是测量极限误差。

由概率论的知识可知，正态分布曲线和横坐标轴间所包含的面积等于所有随机误差出现的概率总和，若随机误差区间落在 $(-\infty, +\infty)$ 之间，则其概率为 1，即

$$P = \int_{-\infty}^{+\infty} y\mathrm{d}\delta = \int_{-\infty}^{+\infty} \frac{1}{\sigma\sqrt{2\pi}} \mathrm{e}^{-\frac{\delta^2}{2\sigma^2}} \mathrm{d}\delta = 1 \tag{9-6}$$

实际上随机误差区间落在 $(-\delta, +\delta)$ 之间，其概率小于 1，即 $p = \int_{-\delta}^{+\delta} y\mathrm{d}\delta < 1$。为化成标准正态分布，便于求出 $p = \int_{-\delta}^{+\delta} y\mathrm{d}\delta$ 的积分值（概率值），其概率积分计算过程如下所述。

首先引入

$$t = \frac{\delta}{\sigma}, \mathrm{d}t = \frac{\mathrm{d}\delta}{\sigma} \qquad (\delta = \sigma t, \mathrm{d}\delta = \sigma\mathrm{d}t) \tag{9-7}$$

则有

$$P = \int_{-\delta}^{+\delta} y\mathrm{d}\delta = \int_{-\sigma t}^{+\sigma t} \frac{1}{\sqrt{2\pi}} \mathrm{e} - \frac{t^2}{2} \mathrm{d}t$$

$$= \frac{1}{\sqrt{2\pi}} \int_{-\sigma t}^{+\sigma t} \mathrm{e}^{-\frac{t^2}{2}} \mathrm{d}t = \frac{2}{\sqrt{2\pi}} \int_{0}^{+\sigma t} \mathrm{e}^{-\frac{t^2}{2}} \mathrm{d}t \quad （对称性） \tag{9-8}$$

再令

$$P = 2\Phi(t) \tag{9-9}$$

则有

$$\Phi(t) = \frac{1}{\sqrt{2\pi}} \int_{0}^{+\sigma t} \mathrm{e}^{-\frac{t^2}{2}} \mathrm{d}t \tag{9-10}$$

这就是拉普拉斯函数（概率积分）。常用的 $\Phi(t)$ 数值见表 9.3。选择不同的 t 值，就对应有不同的概率，测量结果的可信度也就不一样。随机误差在 $\pm t\sigma$ 范围内出现的概率称为置信概率，t 称为置信因子或置信系数。在几何量测量中，通常取置信因子 $t=3$，则置信概率为 $P = 2\Phi(t) = 99.73\%$，亦即 δ 超过 $\pm 3\sigma$ 的概率为 $100\% - 99.73\% = 0.27\% \approx 1/370$。

表 9.3　4 个特殊 t 值对应的概率

t	$\delta = \pm t\sigma$	不超出 $|\delta|$ 的概率 $p = 2\Phi(t)$	超出 $|\delta|$ 的概率 $\alpha = 1 - 2\Phi(t)$
1	1σ	0.6826	0.3174
2	2σ	0.9544	0.0456
3	3σ	0.9973	0.0027
4	4σ	0.999 36	0.000 64

在实际测量中,测量次数一般不会多于几十次。随机误差超出 3σ 的情况实际上很少出现,所以取测量极限误差为 $\lim\delta = \pm 3\sigma$。$\lim\delta$ 也表示测量列中单次测量值的测量极限误差。例如,某次测量的测得值为 30.002 mm,若已知标准偏差 $\sigma = 0.0002$ mm,置信概率取 99.73%,则测量结果应为 (30.002 ± 0.0006) mm。

4)随机误差的处理步骤

由于被测几何量的真值未知,所以不能直接计算求得标准偏差 σ 的数值。在实际测量时,当测量次数 N 充分大时,随机误差的算术平均值趋于零,便可以用测量列中各个测得值的算术平均值代替真值,并估算出标准偏差,进而确定测量结果。

在假定测量列中不存在系统误差和粗大误差的前提下,可按下列步骤对随机误差进行处理。

(1)计算测量列中各个测得值的算术平均值。设测量列的测得值为 x_1、x_2、x_3、$\cdots$、x_n,则算术平均值为

$$\overline{\chi} = (x_1 + x_2 + \cdots + x_n) = \frac{\sum\limits_{i=0}^{N}\chi_i}{N} \tag{9-11}$$

(2)计算残余误差。残余误差 υ_i 即测得值与算术平均值之差,一个测量列就对应着一个残余误差列:

$$\upsilon_i = \chi_i - \overline{\chi} \tag{9-12}$$

残余误差具有两个基本特性:① 残余误差的代数和等于零,即 $\sum \upsilon_i = 0$;② 残余误差的平方和为最小,即 $\sum \upsilon_i^2$ 为最小。由此可见,用算术平均值作为测量结果是合理可靠的。

(3)计算标准偏差(即单次测量精度 σ)。在实用中,常用贝塞尔(Bessel)公式计算标准偏差,贝塞尔公式如下:

$$\sigma = \sqrt{\frac{\sum\limits_{i=1}^{N}\gamma_i^2}{N-1}} \tag{9-13}$$

若需要,可以写出单次测量结果表达式为

$$\chi_{ei} = \chi_i \pm 3\sigma \tag{9-14}$$

(4)计算测量列的算术平均值的标准偏差 $\sigma_{\overline{\chi}}$。若在一定测量条件下,对同一被测几何量进行多组测量(每组皆测量 N 次),则对应每组 N 次测量都有一个算术平均值,各组的算术平均值不相同。不过,它们的分散程度要比单次测量值的分散程度小得多。描述它们的分散程度同样可以用标准偏差作为评定指标。根据误差理论,测量列算术平均值的标准偏差 $\sigma_{\overline{\chi}}$ 与测量列单次测量值的标准偏差 σ 存在如下关系,如图 9.6 所示。

$$\sigma_{\overline{\chi}} = \frac{\sigma}{\sqrt{N}} \tag{9-15}$$

显然,多次测量结果的精度比单次测量的精度高,即测量次数越多,测量精密度就越高。但图 9.6 中的曲线也表明测量次数不是越多越好,一般取 $N>10$(15 次左右)为宜。

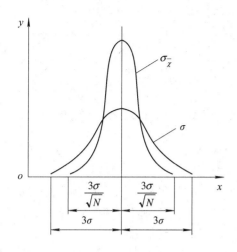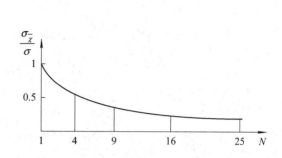

图 9.6　σ 与 $\sigma_{\bar{x}}$ 的关系

（5）计算测量列算术平均值的测量极限误差 $\delta_{\lim(\bar{x})}$。

$$\delta_{\lim(\bar{x})} = \pm 3\sigma_{\bar{x}} \tag{9-16}$$

（6）写出多次测量所得结果的表达式。

$$x_e = \bar{x} \pm 3\sigma_{\bar{x}} \tag{9-17}$$

并说明置信概率为 99.73％。

2. 测量列中系统误差的处理

在实际测量中，系统误差对测量结果的影响是不能忽视的。揭示系统误差出现的规律性，消除系统误差对测量结果的影响，是提高测量精度的有效措施。

1）发现系统误差的方法

在测量过程中产生系统误差的因素是复杂多样的，查明所有的系统误差是很困难的事情，同时也不可能完全消除系统误差的影响。

发现系统误差必须根据具体测量过程和计量器具进行全面而仔细的分析，但目前还没有找到可以发现各种系统误差的方法，下面只介绍适用于发现某些系统误差常用的两种方法。

（1）实验对比法。实验对比法就是通过改变产生系统误差的测量条件，进行不同测量条件下的测量来发现系统误差。这种方法适用于发现定值系统误差。例如，量块按标称尺寸使用时，在测量结果中就存在着由于量块尺寸偏差而产生的大小和符号均不变的定值系统误差，重复测量也不能发现这一误差，只有用另一块更高等级的量块进行对比测量才能发现它。

（2）残差观察法。残差观察法是指根据测量列的各个残差大小和符号的变化规律，直接由残差数据或残差曲线图形来判断有无系统误差，这种方法主要适用于发现大小和符号按一定规律变化的变值系统误差。根据测量先后顺序，将测量列的残差作图（如图 9.7 所示），观察残差的规律。

如果残差大体正、负相间，又没有显著变化，就认为不存在变值系统误差，如图 9.7（a）所示。如果残差按近似的线性规律递增或递减，就可判断存在着线性系统误差，如图 9.7（b）所示。如果残差的大小和符号有规律地周期变化，就可判断存在着周期性系统误差，如图 9.7（c）所示。但是残差观察法对于测量次数不是足够多时有一定的难度。

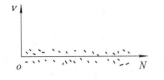
(a) 不存在变值系统误差

(b) 存在线性系统误差

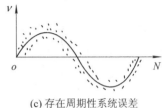
(c) 存在周期性系统误差

图 9.7　变值系统误差的发现

2）消除系统误差的方法

（1）从产生误差根源上消除系统误差。这要求测量人员对测量过程中可能产生系统误差的各个环节进行分析，并在测量前就将系统误差从产生根源上加以消除。例如，为了防止测量过程中仪器示值零位的变动，测量开始和结束时都需检查示值零位。

（2）用修正法消除系统误差。这种方法是预先将计量器具的系统误差检定或计算出来，做出误差表或误差曲线，然后取与误差数值相同而符号相反的值作为修正值，将测得值加上相应的修正值，即可使测量结果不包含系统误差。

（3）用抵消法消除定值系统误差。这种方法要求在对称位置上分别测量一次，以使这两次测量中测得的数据出现的系统误差大小相等、符号相反，取这两次测量中数据的平均值作为测得值，即可消除定值系统误差。例如，在工具显微镜上测量螺纹螺距时，为了消除螺纹轴线与量仪工作台移动方向倾斜而引起的系统误差，可分别测量螺纹左、右牙面的螺距，然后取它们的平均值作为螺距测得值。

（4）用半周期法消除周期性系统误差。对周期性系统误差，可以每相隔半个周期进行一次测量，以相邻两次测量的数据的平均值作为一个测得值，即可有效消除周期性系统误差。

消除和减小系统误差的关键是找出误差产生的根源和规律。实际上，系统误差不可能完全消除。一般来说，系统误差若能减小到使其影响相当于随机误差的程度，则可认为已被消除。

3．测量列中粗大误差的处理

粗大误差的数值相当大，在测量中应尽可能避免。如果粗大误差已经产生，则应根据判断粗大误差的准则予以剔除，通常用拉依达（Pasйта）准则来判断。

拉依达准则又称 3σ 准则。当测量列服从正态分布时，残差落在 $\pm 3\sigma$ 外的概率很小，仅有 0.27%，即在连续 370 次测量中只有一次测量的残差会超出 $\pm 3\sigma$，而实际上连续测量的次数绝不会超过 370 次，测量列中就不应该有超出 $\pm 3\sigma$ 的残差。因此，当出现绝对值大于 3σ 的残差，即 $|v_i| > 3\sigma$ 时，则认为该残差对应的测得值含有粗大误差，应予以剔除。注意拉依达准则不适用于测量次数小于或等于 10 的情况。

9.4.3　测量结果的数据处理

等精度测量是指在测量条件（包括测量仪、测量人员、测量方法及环境条件等）不变的情况下，对某一被测几何量进行的连续多次测量。虽然在此条件下得到的各个测得值不同，但影响各个测得值精度的因素和条件相同，故测量精度视为相等；反之，在测量过程中全部或部分因素和条件发生改变，则称为不等精度测量。在一般情况下，为了简化对测量数据的处理，大多采用等精度测量。

1. 直接测量列的数据处理

为了从直接测量列中得到正确的测量结果，应按以下步骤进行数据处理。

（1）计算测量列的算术平均值和残差($\bar{\chi}$，γ_i)，以判断测量列中是否存在系统误差。如果存在系统误差，则应采取措施加以消除。

（2）计算测量列单次测量值的标准偏差 σ，判断是否存在粗大误差。若有粗大误差，则应剔除含粗大误差的测得值，并重新组成测量列，再重复上述计算，直到将所有含粗大误差的测得值都剔除干净为止。

（3）计算测量列的算术平均值的标准偏差和测量极限误差($\sigma_{\bar{\chi}}$和$\delta_{\lim(\bar{\chi})}$)。

（4）给出测量结果表达式 $\chi_e = \bar{\chi} \pm \delta_{\lim(\bar{\chi})}$，并说明置信概率。

【例 9.1】　对某一轴径 χ 等精度测量 15 次，按测量顺序将各测得值依次列于表 9.4 中，试求测量结果。

解　（1）判断定值系统误差。假设计量器具已经检定，测量环境得到有效控制，可认为测量列中不存在定值系统误差。

（2）求测量列算术平均值为

$$\bar{\chi} = \frac{\sum\limits_{i=1}^{N} \chi_i}{N} = 34.957 \text{ mm}$$

表 9.4　数据处理计算表

测量序号	测得值 χ_i/mm	残差 $v_i(v_i = \chi_i - \bar{\chi})/\mu m$	残差的平方 $v_i^2/\mu m^2$
1	34.959	+2	4
2	34.955	−2	4
3	34.958	+1	1
4	34.957	0	0
5	34.958	+1	1
6	34.956	−1	1
7	34.957	0	0
8	34.958	+1	1
9	34.955	−2	4
10	34.957	0	0
11	34.959	+2	4
12	34.955	−2	4
13	34.956	−1	1
14	34.957	0	0
15	34.958	+1	1
算术平均值 34.957		$\sum v_i = 0$	$\sum v_i^2 = 26$

（3）计算残差。各残差的数值经计算后列于表 9.4 中。按残差观察法，这些残差的符号大体正、负相间，没有周期性变化，因此可以认为测量列中不存在变值系统误差。

（4）计算测量列单次测量值的标准偏差：

$$\sigma = \sqrt{\frac{\sum\limits_{i=1}^{N} \gamma_i^2}{N-1}} \approx 1.3 \ \mu m$$

（5）判断粗大误差。按拉依达准则，测量列中没有出现绝对值大于 $3\sigma(3\times1.3=3.9\ \mu m)$ 的残差，即测量列中不存在粗大误差。

（6）计算测量列算术平均值的标准偏差：

$$\sigma_\chi = \frac{\sigma}{\sqrt{N}} \approx 0.35 \ \mu m$$

（7）计算测量列算术平均值的测量极限误差：

$$\delta_{\lim(\overline{\chi})} = \pm 3\sigma_{\overline{\chi}} = \pm 1.05 \ \mu m$$

（8）确定测量结果：

$$\chi_e = \overline{\chi} \pm 3\sigma_{\overline{\chi}} = 34.957 \pm 0.0011 \ mm$$

这时的置信概率为 99.73%。

2. 间接测量列的数据处理

在有些情况下，由于某些被测对象的特点，不能进行直接测量，这时需要采用间接测量。间接测量是指通过测量与被测几何量有一定关系的几何量，按照已知的函数关系式计算出被测几何量的量值。因此，间接测量的被测几何量是测量所得到的各个实测几何量的函数，而间接测量的误差则是各个实测几何量误差的函数，故称这种误差为函数误差。

1）函数及其微分表达式

间接测量中，被测几何量通常是实测几何量的多元函数，它表示为

$$y = F(x_1, x_2, \cdots, x_m) \tag{9-18}$$

式中，y 为欲测几何量（函数），x_i 为实测的几何量。

函数的全微分表达式为

$$dy = \frac{\partial F}{\partial x_1}dx_1 + \frac{\partial F}{\partial x_2}dx_2 + \cdots + \frac{\partial F}{\partial x_m}dx_m \tag{9-19}$$

式中，dy 为欲测的几何量（函数）的测量误差，dx_i 为实测的几何量的测量误差，为实测的几何量的测量误差传递系数。

2）函数的系统误差计算式

由各实测几何量测得值的系统误差可近似得到被测几何量（函数）的系统误差表达式为

$$\Delta y = \frac{\partial F}{\partial x_1}\Delta x_1 + \frac{\partial F}{\partial x_2}\Delta x_2 + \cdots + \frac{\partial F}{\partial x_m}\Delta x_m \tag{9-20}$$

式中，Δy 为欲测几何量（函数）的系统误差，Δx_i 为实测的几何量的系统误差。

3）函数的随机误差计算式

由于各实测几何量的测得值中存在着随机误差，因此被测几何量（函数）也存在着随机误差。根据误差理论，函数的标准偏差 σ_y 与各个实测几何量的标准偏差 σ 的关系为

$$\sigma_y = \sqrt{\left(\frac{\partial F}{\partial x_1}\right)^2 \sigma_{x_1}^2 + \left(\frac{\partial F}{\partial x_2}\right)^2 \sigma_{x_2}^2 + \cdots + \left(\frac{\partial F}{\partial x_m}\right)^2 \sigma_{x_m}^2} \tag{9-21}$$

式中，σ_y 为欲测几何量（函数）的标准偏差，σ_{x_i} 为实测的几何量的标准偏差。

同理，函数的测量极限误差公式为

$$\delta_{\lim(y)} = \pm\sqrt{\left(\frac{\partial F}{\partial x_1}\right)^2 \delta_{\lim(x_1)}^2 + \left(\frac{\partial F}{\partial x_2}\right)^2 \delta_{\lim(x_2)}^2 + \cdots + \left(\frac{\partial F}{\partial x_m}\right)^2 \delta_{\lim(x_m)}^2} \tag{9-22}$$

式中，$\delta_{\lim(y)}$ 为欲测几何量（函数）的测量极限误差，$\delta_{\lim(x_m)}$ 为实测的几何量的测量极限误差。

4) 间接测量列数据处理的步骤

(1) 找出函数表达式 $y = F(x_1, x_2, \cdots, x_m)$；

(2) 求出欲测几何量（函数）值 y；

(3) 计算函数的系统误差值 Δy；

(4) 计算函数的标准偏差值 σ_y 和函数的测量极限误差值 $\delta_{\lim(y)}$；

(5) 给出欲测几何量（函数）的结果表达式：

$$y_e = (y - \Delta y) \pm \delta_{\lim(y)} \tag{9-23}$$

最后说明置信概率为 99.73%。

复 习 与 思 考

1. 量块的制造精度分哪几级，量块的检定精度分哪几等，分"级"和分"等"的主要依据是什么？

2. 几何量测量方法中，绝对测量与相对测量有何区别？直接测量与间接测量有何区别？试举例说明。

3. 测量误差的绝对误差与相对误差有何区别？两者的应用场合有何不同？

4. 进行等精度测量时，以多次重复测量的测量列算术平均值作为测量结果的优点是什么？它可以减小哪类测量误差对测量结果的影响？

5. 进行等精度测量时，怎样表示单次测量和多次重复测量的测量结果？测量列单次测量值和算术平均值的标准偏差有何区别？

6. 用两种方法分别测量尺寸为 100 mm 和 80 mm 的零件，其测量绝对误差分别为 8 μm 和 7 μm，试用测量的相对误差对比这两种方法测量精度的高低。

7. 在立式光学比较仪上对塞规同一部位进行 4 次重复测量，其值为 20.004、19.996、19.999、19.997，试求测量结果。

8. 某仪器已知其标准偏差为 $\sigma = \pm 0.002$ mm，用以对某零件进行 4 次等精度测量，测量值为 67.020、67.019、67.018、67.015，试求测量结果。

9. 用立式光学比较仪对外圆同一部位进行 10 次重复测量，测量值为 24.999、24.994、24.998、24.999、24.996、24.998、24.998、24.995、24.999、24.994，试求单一测量值及 10 次测量值的算术平均值的测量极限误差。

10. 在相同条件下，对某轴同一部位的直径重复测量 15 次，各次测量值分别为 10.429、10.435、10.432、10.427、10.428、10.430、10.434、10.428、10.431、10.430、10.429、10.432、10.429、10.429，判断有无系统误差、粗大误差，并给出算术平均值的测量结果。

11. 某计量器具在示值为 25 mm 处的示值误差为 -0.002 mm。若用该计量器具测量工件时读数正好为 25 mm，试确定该工件的实际尺寸。

12. 用两种测量方法分别测量 60 mm 和 100 mm 两段长度，前者和后者的绝对测量误差分别为 -0.03 mm 和 +0.04 mm，试确定两者测量精度的高低。

13. 在立式光学比较仪上用 50 mm 的量块对公称值为 50 mm 的一段长度进行比较测量。仪器的不确定度为 ±0.5 μm，测量对从仪器标尺读得的示值为 -1.5 μm，试写出下列两种情况下的测量结果：① 所用的量块为 1 级量块，其长度的极限偏差为 ±0.4 μm。② 所用的量块为 3 等量块，其中心长度的实际偏差为 +0.2 μm，量块中心长度测量的不确定度允许值为 ±0.15 μm。

14. 用千分尺对某轴颈等精度测量 10 次，各次测量值（单位为 mm）按测量顺序分别为 50.02、50.03、50.00、50.03、50.02、50.03、50.00、50.02、50.03、50.02，设测量列中不存在的定值系统误差，试确定：

（1）测量列算术平均值；

（2）残差，并判断测量列中是否存在变值系统误差；

（3）测量列中单次测量值的标准偏差；

（4）测量列中是否存在粗大误差；

（5）测量列算术平均值的标准偏差；

（6）测量列算术平均值的测量极限误差；

（7）以第 2 次测量值作为测量结果的表达式；

（8）以测量列算术平均值作为测量结果的表达式。

15. 在某仪器上对一轴颈进行等精度测量，测量列中单次测量值的标准偏差为 0.001 mm。

（1）如果仅测量 1 次，测量值为 25.004 mm，试写出测量结果；

（2）若重复测量 4 次，4 次测量值分别为 25.004 mm、25.004 mm、25.006 mm、25.008 mm，试写出测量结果；

（3）如果要使测量极限误差不大于 ±0.001 mm，应至少重复测量几次？

第 10 章　光滑极限量规

10.1　光滑极限量规的作用与分类

光滑圆柱体工件的检验可用通用测量器具，也可以用光滑极限量规。大批量生产时，通常应用光滑极限量规检验工件。光滑极限量规是一种没有刻线的专用测量器具。它不能测得工件的实际尺寸大小，而只能确定被测工件的尺寸是否在它的极限尺寸范围内，从而对工件作出合格性判断。

光滑极限量规的基本尺寸就是工件的基本尺寸，通常把检验孔径的光滑极限量规叫作塞规，把检验轴径的光滑极限量规称为环规或卡规。不论塞规还是环规，都包括两个量规：一个是按被测工件的最大实体尺寸制造的，称为通规，也叫通端；另一个是按被测工件的最小实体尺寸制造的，称为止规，也叫止端。

检验时，塞规或环规都必须把通规和止规联合起来使用。例如，使用塞规检验工件孔（见图 10.1）时，如果塞规的通规通过被检验孔，则说明被测孔径大于孔的最小极限尺寸，如果塞规的止规塞不进被检验孔，则说明被测孔径小于孔的最大极限尺寸。于是，知道被测孔径大于最小极限尺寸且小于最大极限尺寸，即孔的作用尺寸和实际尺寸在规定的极限范围内，因此被测孔是合格的。

同理，用卡规的通规和止规检验工件轴径（见图 10.2）时，通规通过轴，止规通不过轴，说明被测轴径的作用尺寸和实际尺寸在规定的极限范围内，因此被测轴径是合格的。

由此可知，不论塞规还是卡规，如果通规通不过被测工件，或者止规通过了被测工件，即可确定被测工件是不合格的。

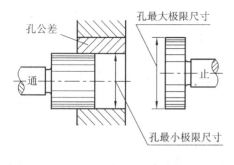

图 10.1　塞规

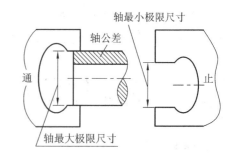

图 10.2　卡规

量规根据不同用途可分为工作量规、验收量规和校对量规三类。

1. 工作量规

工人在加工时来检验工件的量规称为工作量规，一般用的通规是新制的或磨损较少的量规。工作量规的通规用代号"T"来表示,止规用代号"Z"来表示。

2. 验收量规

检验部门或用户代表验收工件时用的量规称为验收量规。一般地,检验人员用的通规为磨损较大但未超过磨损极限的旧工作量规,用户代表用的是接近磨损极限尺寸的通规,这样由生产工人自检合格的产品,检验部门验收时也一定合格。

3. 校对量规

用以检验轴用工作量规的量规称为校对量规。它检查轴用工作量规在制造时是否符合制造公差,在使用中是否已达到磨损极限。校对量规可分为以下三种:

(1)"校通-通"量规(代号为 TT):检验轴用量规通规的校对量规。

(2)"校止-通"量规(代号为 ZT):检验轴用量规止规的校对量规。

(3)"校通-损"量规(代号为 TS):检验轴用量规通规磨损极限的校对量规。

10.2　光滑极限量规的公差

作为量具的光滑极限量规,本身亦相当于一个精密工件,制造时和普通工件一样,不可避免地会产生加工误差,同样需要规定制造公差。量规制造公差的大小不仅影响量规的制造难易程度,还会影响被测工件加工的难易程度以及对被测工件的误判。为确保产品质量,国家标准 GB/T 3177—2009《光滑工件尺寸的检验》对验收原则、验收极限和计量器具的选择等做了规定。

通规由于经常通过被测工件,因此会有较大磨损,为了延长使用寿命,除规定了制造公差外还规定了磨损公差,磨损公差的大小决定了量规的使用寿命。止规不经常通过被测工件,故磨损较少,所以不规定磨损公差,只规定制造公差。

图 10.3 所示为光滑极限量规国家标准规定的量规公差带。工作量规"通规"的制造公差带全部位于工件的公差带之内,其磨损极限与工件的最大实体尺寸重合。工作量规"止规"的制造公差带从工件的最小实体尺寸起向工件的公差带内分布。校对量规公差带的分布如下:

(1)"校通-通"量规(TT)。它的作用是防止通规尺寸过小(制造时过小或自然时效时过小)。检验时应通过被校对的轴用通规,其公差带从通规的下偏差开始向轴用通规的公差带内分布。

(2)"校止-通"量规(ZT)。它的作用是防止止规尺寸过小(制造时过小或自然时效时过小)。检验时应通过被校对的轴用止规,其公差带从止规的下偏差开始向轴用止规的公差带内分布。

(3)"校通-损"量规(TS)。它的作用是防止通规超出磨损极限尺寸。检验时若通过了,则说明所校对的量规已超过磨损极限,应予报废,其公差带从通规的磨损极限开始向轴用通规的公差带内分布。

国家标准规定了检验各级工件用的工作量规的制造公差 T 值和通规公差带的位置要素 Z 值,如表 10.1 所示。表 10.1 中的 T 和 Z 的数值是考虑了量规的制造工艺水平和使用寿命等因素按表 10.2 的规定确定的。

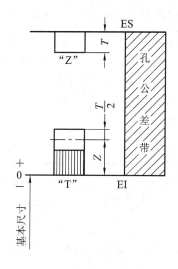
(a) 孔用工作量规公差带

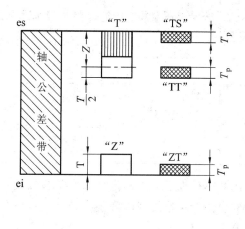
(b) 轴用工作量规及其校对量规公差带

图 10.3　量规公差带图

鉴于新国标中 IT6 级用量规(相当于旧国标中 2 级轴、1 级孔)应用较为普遍,采用定尺寸刀具较多,故在确定修改稿的量规公差时,以 IT6 级为基础。考虑到量规制造的可能性、经济性及合理性,IT6 级量规的制造公差 T 约占工件公差的 15%;自 IT6 至 IT12 级按公比 1.25 递增;自 IT12 至 IT16 级按公比 1.5 递增,如表 10.2 所示;最后按一定规则圆整而成,其数值如表 10.1 所示。

位置要素 Z 值的确定仍然是以工件公差为基础,以 IT6 级为基本级,Z 值占其标准公差的 17.5%。自 IT6 至 IT12 级按公比 1.4 递增,自 IT12 至 IT16 级按公比 1.5 递增,如表 10.2 所示;最后按一定规则圆整而成,其数值如表 10.1 所示。

表 10.1　IT6～IT16 级工作量规制造公差 T 值和通规公差带的位置要素 Z 值(GB 1957—2006)

工件基本尺寸/mm	IT6		IT7		IT8		IT9		IT10		IT11		IT12		IT13		IT14		IT15		IT16	
	T	Z	T	Z	T	Z	T	Z	T	Z	T	Z	T	Z	T	Z	T	Z	T	Z	T	Z
～3	1	1	1.2	1.6	1.6	2	2	3	2.4	4	3	6	4	9	6	14	9	20	14	30	20	40
3～6	1.2	1.4	1.4	2	2	2.6	2.4	4	3	5	4	8	5	11	7	16	11	25	16	35	25	50
6～10	1.4	1.6	1.8	2.4	2.4	3.2	2.8	5	3.6	6	5	9	6	13	8	20	13	30	20	40	30	60
10～18	1.6	2	2	2.8	2.8	4	3.4	6	4	8	6	11	7	15	10	24	15	35	25	50	35	75
18～30	2	2.4	2.4	3.4	3.4	5	4	7	5	9	7	13	8	18	12	28	18	40	28	60	40	90
30～50	2.4	2.8	3	4	4	6	5	8	6	11	8	16	10	22	14	34	22	50	34	75	50	110
50～80	2.8	3.4	3.6	4.6	4.6	7	6	9	7	13	9	19	12	26	16	40	26	60	40	90	60	130
80～120	3.2	3.8	4.2	5.4	5.4	8	7	10	8	15	10	22	14	30	20	46	30	70	46	100	70	150
120～180	3.8	4.4	4.8	6	6	9	8	12	9	18	12	25	16	35	22	52	35	80	52	120	80	180
180～250	4.4	5	5.4	7	7	10	9	14	10	20	14	29	18	40	26	60	40	90	60	130	90	200
250～315	4.8	5.6	6	8	8	11	10	16	12	22	16	32	20	45	28	66	45	100	66	150	100	220
315～400	5.4	6.2	7	9	9	12	11	18	14	25	18	36	22	50	32	74	50	110	74	170	110	250
400～500	6	7	8	10	10	14	12	20	16	28	20	40	24	55	36	80	55	120	80	190	120	280

表 10.2　光滑极限量规的制造公差 T 值和通规公差带的位置要素 Z 值与工件公差的比例关系

IT6	IT7	IT8	IT9	IT10	IT11	IT12	IT13	IT14	IT15	IT16
公比 1.25							公比 1.5			
$T_0 = 15\%\mathrm{IT6}$	$1.25T_0$	$1.6T_0$	$2T_0$	$2.5T_0$	$3.15T_0$	$4T_0$	$6T_0$	$9T_0$	$13.5T_0$	$20T_0$
公比							公比 1.40			
$Z_0 = 17.5\%\mathrm{IT6}$	$1.4Z_0$	$2Z_0$	$2.8Z_0$	$4Z_0$	$5.6Z_0$	$8Z_0$	$12Z_0$	$18Z_0$	$27Z_0$	$40Z_0$

国家标准规定的工作量规的形状和位置误差应在工作量规的尺寸公差范围内。工作量规的形位公差为量规制造公差的 50%，当量规的制造公差小于或等于 0.002 mm 时，其形位公差为 0.001 mm。

标准还规定，校对量规的制造公差 T_p 为被校对的轴用工作量规的制造公差 T 的 50%，其形位公差应在校对量规的制造公差范围内。

根据上述可知，工作量规的公差带完全位于工件极限尺寸范围内，校对量规的公差带完全位于被校对量规的公差带内，从而保证了工件符合国家标准《公差与配合》的要求，但是相应地缩小了工件的制造公差，给生产加工带来了困难，并且还容易把一些合格品误判为废品。

10.3　量　规　设　计

10.3.1　量规形式的选择

检验圆柱形工件的光滑极限量规的形式有很多，合理地选择与使用对正确判断检验结果影响很大。按照国家标准推荐，检验孔时，可用全形塞规、不全形塞规、片状塞规、球端杆规，如图 10.4(a) 所示。检验轴时，可用环规和卡规，如图 10.4(b) 所示。

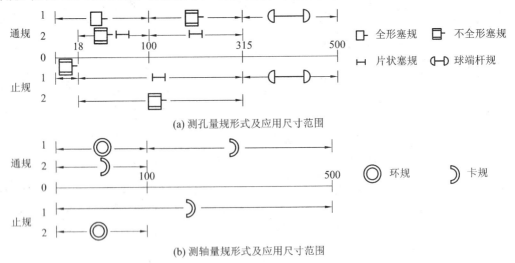

图 10.4　国家标准推荐的量规形式及应用尺寸范围

上述各种形式的量规及应用尺寸范围可供设计时参考，具体结构形式可参看标准 GB/T 10920—2008 及有关资料。

10.3.2　量规极限尺寸的计算

国家标准 GB/T 1957—2006《光滑极限量规　技术条件》规定的工作量规的几何误差应在工作量规的尺寸公差范围内。工作量规的几何公差为量规制造公差的 50%。当量规的制造公差小于或等于 0.002 mm 时，其几何公差仍取 0.001 mm。光滑极限量规的尺寸及偏差计算步骤如下：

（1）查出被测孔和轴的极限偏差。

（2）由表 10.1 查出工作量规的制造公差 T 值和位置要素 Z 值。

（3）确定工作量规的形状公差。

（4）确定校对量规的制造公差。

（5）计算在图样上标注的各种尺寸和偏差。

【例 10.1】　计算 $\phi30H8/f7$ 孔和轴用量规的极限偏差。

解　（1）由国家标准 GB/T 1800—2009 查出孔与轴的上、下偏差为

$\phi30H8$ 孔：$ES=+0.033$ mm，$EI=0$

$\phi30f7$ 轴：$es=-0.020$ mm，$ei=-0.041$ mm

（2）由表 10.1 查得工作塞规和卡规的制造公差 T 值和位置要素 Z 分别为

塞规：制造公差 $T=0.0034$ mm，位置要素 $Z=0.005$ mm

卡规：制造公差 $T=0.0024$ mm，位置要素 $Z=0.0034$ mm

（3）确定工作量规的形状公差。

塞规：形状公差 $\dfrac{T}{2}=0.0017$ mm

卡规：形状公差 $\dfrac{T}{2}=0.0012$ mm

（4）确定校对量规的制造公差。

校对量规制造公差 $T_p=\dfrac{T}{2}=0.0012$ mm

（5）计算在图样上标注的各种尺寸和偏差。

① $\phi30H8$ 孔用塞规。

通规：上偏差 $=EI+Z+\dfrac{T}{2}=0+0.005+0.0017=+0.0067$ mm

下偏差 $=EI+Z-\dfrac{T}{2}=0+0.005-0.0017=+0.0033$ mm

磨损极限 $=D_{min}=30$ mm

止规：上偏差 $=ES=+0.033$ mm

下偏差 $=ES-T=0.033-0.0034=+0.0296$ mm

② $\phi30f7$ 轴用卡规。

通规：上偏差 $=es-Z+\dfrac{T}{2}=-0.02-0.0034+0.0012=-0.0222$ mm

$$下偏差 = es - Z - \frac{T}{2} = -0.02 - 0.0034 - 0.0012 = -0.0246 \text{ mm}$$

$$磨损极限尺寸 = d_{\max} = 29.98 \text{ mm}$$

止规：上偏差 $= ei + T = -0.041 + 0.0024 = -0.0386 \text{ mm}$

　　　　下偏差 $= ei = -0.041 \text{ mm}$

③ 轴用卡规的校对量规。

"校通-通"：

$$上偏差 = es - Z - \frac{T}{2} + T_p = -0.02 - 0.0034 - 0.0012 + 0.0012 = -0.0234 \text{ mm}$$

$$下偏差 = es - Z - \frac{T}{2} = -0.02 - 0.0034 - 0.0012 = -0.0246 \text{ mm}$$

"校通-损"：

　　　　上偏差 $= es = -0.02 \text{ mm}$

　　　　下偏差 $= es - T_p = -0.02 - 0.0012 = -0.0212 \text{ mm}$

"校止-通"：

　　　　上偏差 $= ei + T_p = -0.041 + 0.0012 = -0.0398 \text{ mm}$

　　　　下偏差 $= ei = -0.041 \text{ mm}$

$\phi 30 H8/f7$ 孔、轴用量规公差带如图 10.5 所示。

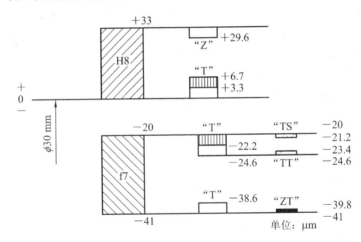

图 10.5　$\phi 30 H8/f7$ 孔、轴用量规公差带图

10.3.3　量规的技术要求

　　量规测量面的材料可用渗碳钢、碳素工具钢、合金工具钢和硬质合金等材料制造，也可在测量面上镀铬或氮化处理。量规测量面的硬度直接影响量规的使用寿命。用上述几种钢材经淬火后的硬度一般为 $58 \sim 65 \text{HRC}$。量规测量面的表面粗糙度参数值取决于被检验工件的基本尺寸、公差等级和表面粗糙度参数值及量规的制造工艺水平，一般不低于光滑极限量规国家标准推荐的表面粗糙度参数值(表 10.3)。工作量规图样的标注如图 10.6 和图 10.7 所示。

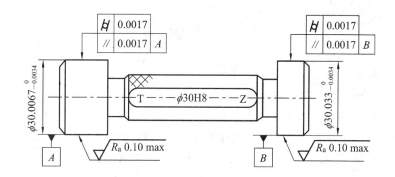

图 10.6　塞规图样的标注

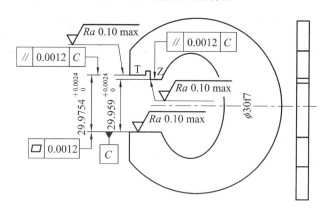

图 10.7　卡规图样的标注

表 10.3　量规测量面的表面粗糙度参数值（GB/T 1957—2006）

工 作 量 规	工件基本尺寸/mm		
	≤120	120~315	315~500
	表面粗糙度 Ra（小于）/μm		
IT6 级孔用量规	≤0.05	≤0.10	≤0.20
IT7~IT9 级孔用量规	≤0.10	≤0.20	≤0.40
IT10~IT12 级孔用量规	≤0.20	≤0.40	≤0.80
IT6~IT9 级轴用量规	≤0.10	≤0.20	≤0.40
IT10~IT12 级轴用量规	≤0.20	≤0.40	≤0.80
IT6~IT9 级轴用工作环规的校对塞规	≤0.05	≤0.10	≤0.20
IT10~IT12 级轴用工作环规的校对塞规	≤0.10	≤0.20	≤0.40

注：校对量规测量面的表面粗糙度数值比被校对的轴用量规测量面的粗糙度数值略高一级。

复 习 与 思 考

1. 试述光滑极限量规的分类和作用。

2. 简述光滑极限量规的设计原则。

3. 量规的通规和止规按工件的哪个实体尺寸制造？

4. 用量规检测工件时，为什么总是成对使用？被检验工件合格的标志是什么？

5. 计算 G7/h6 孔用和轴用工作量规的工作尺寸，并画出量规公差带图。

参 考 文 献

[1] 范真，张兴国，朱雅萍，等. 互换性与技术测量基础[M]. 北京：高等教育出版社，2012

[2] 全国产品几何技术规范标准化技术委员会. 产品几何技术规范(GPS)标准汇编　极限与配合[M]. 北京：中国标准出版社，2014

[3] 周玉凤，杜向阳. 互换性与技术测量[M]. 北京：清华大学出版社，2008

[4] 周宏根，景旭文. 互换性与测量技术基础[M]. 镇江：江苏大学出版社，2015

[5] 高晓康，张珂. 互换性与测量技术基础[M]. 上海：上海科学技术出版社，2015

[6] 王伯平. 互换性与测量技术基础[M]. 3版. 北京：机械工业出版社，2013

[7] 王长春，孙步功，王东胜. 互换性与测量技术基础[M]. 3版. 北京：北京大学出版社，2015

[8] 赵则祥. 互换性与测量技术基础[M]. 北京：机械工业出版社，2015

[9] 周玉凤，茅健，华忆苏. 互换性与技术测量学习指导及习题集[M]. 北京：清华大学出版社，2012

[10] 全国产品几何技术规范标准化技术委员会. 产品几何技术规范(GPS)标准汇编 极限与配合[M]. 北京：中国标准出版社，2014

[11] GB/T 1182—2008. 产品几何技术规范(GPS)几何公差　形状、方向、位置和跳动公差标注. 北京：中国标准出版社，2008

[12] GB/T 4249—2009. 产品几何技术规范(GPS)公差原则. 北京：中国标准出版社，2009

[13] GB/T 16671—2009. 产品几何技术规范(GPS)几何公差 最大实体要求、最小实体要求和可逆要求. 北京：中国标准出版社，2009

[14] GB/T 3505—2009. 产品几何技术规范(GPS)表面结构轮廓法术语、定义及表面参数. 北京：中国标准出版社，2009

[15] GB/T 1031—2009. 产品几何技术规范(GPS)表面结构　轮廓法　表面粗糙度参数及其数值. 北京：中国标准出版社，2009

[16] GB/T 1957—2006. 光滑极限量规　技术条件. 北京：中国标准出版社，2006

[17] GB/T 8069—1998. 功能量规. 北京：中国标准出版社，1998

[18] GB/T 307.1—2005. 滚动轴承　向心轴承　公差. 北京：中国标准出版社，2005

[19] GB/T 307.3—2005. 滚动轴承　通用技术规则. 北京：中国标准出版社，2005

[20] GB/T 307.4—2005. 滚动轴承　推力轴承公差. 北京：中国标准出版社，2005

[21] GB/T 1095—2003. 平键 键槽的剖面尺寸. 北京：中国标准出版社，2003

[22] GB/T 1144—2001. 矩形花键 尺寸、公差和检验. 北京：中国标准出版社，2001

[23] GB/T 192—2003. 普通螺纹　基本牙型. 北京：中国标准出版社，2003

[24] GB/T 197—2002. 普通螺纹　公差. 北京：中国标准出版社，2005

[25] GB/T 2516—2003. 普通螺纹　极限偏差. 北京：中国标准出版社，2003

[26] GB/T 10095.1—2008. 圆柱齿轮　精度制　第1部分：轮齿同侧齿面偏差的定义和

允许值. 北京：中国标准出版社，2008

[27] GB/T 10095.2—2008. 圆柱齿轮　精度制第 2 部分：径向综合偏差和径向跳动的定义和允许值. 北京：中国标准出版社，2008

[28] GB/T 13924—2008. 渐开线圆柱齿轮精度　检验细则. 北京：中国标准出版社，2008